数学の
幸せ物語

後編

> 無知であることは，しばしば人を「幸せ」な状態にします。できたと思っても実は全くできていない，でも本人はそれを全く知らない，あるいは勉強が捗っていると思っていても実はぜんぜん進んでいない，そんな状態の人を「幸せな人」と定義しましょう。これから，そんな幸せな人の物語が始まります。

はじめに
1. 「数学の『幸せ物語』」とは

「数学の『幸せ物語』」(以下,「幸せ物語」と記す) とは, 高校数学を学ぶ高校生, その高校生に数学を教える広い意味での教育者および教育関係者, および 高校生の家族の方を対象にした「数学の書」であり, 数学を題材にした「本格的な物語」でもあります。

この本の中で使われる「幸せ」とは, そのほとんどは自分が見えていない人に使われる「幸せ」です。数学の学習者が「幸せな人」になってはいないかということを考えてもらうため, そして人によっては気がついてもらうために, そのような人が第3者の目線でどのように映っているかを描いてみました。さらに, 数学の学習者が物語内の人物達が注意されているのを見て, 自分もまずいのではと自分を見つめ直してもらうことも期待して描いてみました。

「幸せ物語」には「数学的な注意」の他, 単なる要領ではない「数学の学習法」や, 一般の数学の書あるいは受験本などでは得にくい情報も盛り込んであります。

読者の皆さんは「幸せ物語」の舞台となっている幸福高校の生徒になったつもりで, この「幸せ物語」の中に入り込んでもらえると著者としては大変うれしく思います。

2. 「幸せ物語」の 2 つのコンセプトとこれまでの経緯

この「幸せ物語」には次の 2 つのコンセプトがあります。

- 人を傷つけない指導・気がつかせてあげる指導
- わからない人にこちらから歩み寄る指導

この 2 つのコンセプトの内容とこれに基いて「幸せ物語」がどのような経緯をたどって来たかを説明しようと思います。これによって, 本書の性格が読者の皆さんに理解されると思います。

[1] 人を傷つけない指導・気がつかせてあげる指導

例えば, 電車の中で高校生が友達同士で大声で騒いでいたとしましょう。それによってまわりの人が迷惑していたとします。このような場合, この高校生達に「うるさいから静かにしなさい」と直接注意するのは 1 つの方法かもしれません。しかし, 現実には無理なことではありますが, このうるさい様子をビデオで撮ってこの高校生に「あなた達の行動はこれだけ迷惑をかけているんだよ」と見せてあげたとすれば, 良心のある高校生であれば騒ぎ続けることはないのではないでしょうか。あるいは, この高

校生達のまわりに別の騒いでいる人達がいて，その人達がまわりに与えている迷惑を見たとすれば，良心のある高校生ならば自分達の取るべき行動を察知するのではないでしょうか．

「直接的な注意」はもちろん重要な選択肢です．しかし，うまく注意しなければ注意された方の人格を傷つけることもあり，また，注意を受ける方によってはかえって逆効果になることもあります．そこで，私は手間はかかりますが，「気がつかせてあげる」という方法も指導の選択肢として少しずつ使うようになりました．

別の例をもう 1 つあげましょう．私は，授業で互いに関連のない 3 枚のプリント A, B, C を配ることがあります．これらは，「A の続きが B」というわけではないので，授業が終わって一度教室を離れるとどれが「1 枚目」なのかがわからなくなります．あるクラスでは A, B, C の順で配り，別のあるクラスでは B, C, A の順で配ることもあります．A, B, C は数学的な表現を使うと「順序集合」ではないのです．このような状況なので，私は授業の中で「足りないプリントがあれば，『1 枚目がない』『2 枚目がない』という表現ではなく，別の特定する表現で足りないプリントを指定するように」と指示を出します．さて，人数分を数えて配っても授業後に生徒がプリントを取りに来ることはよくあります．取りに来た生徒には，授業中に言った指示を聞いていない者あるいは忘れている者も少なくなく，そのような生徒は「先生，1 枚目のプリントをください」と言います．が，しかし，ここまでは別にいいのです．ここで私は再度「どれが 1 枚目なのかわからないので…」と授業中と同じ説明をします．すると，その生徒は

　　　　「先生，では <u>最初に配ったプリント</u>をください」

と言います．生徒は「1 枚目と言うな」ということだけを理解し，その意図を理解していないので，実質的に「1 枚目をください」と同じことを言うのです．この生徒のように自分の言っていることに気がついていない人，自分が見えない状態になっている人を私は「幸せな人」と呼んでいます．このような人に「あなたは私の注意を理解していない」と言っても，スルーされたり，「あっ，そうですか」で終わったり (実際，それほど重要なことではないかもしれませんが) するのですが，これを第 3 者目線で見せると当人がいかに滑稽なことをしていたかに気がついてもらえます．

私は，直接的な注意はつねに選択肢の中にもちつつも，人を傷つけない，自発的修正を促すこのような指導も選択肢としてもち続けることは教育者として大切なことであると考えます．数学の問題をつねに手早く結果の数値を求めることだけに終始した結果として，表面的理解に終わり，その結果として何度も同じミスを繰り返している人達に「あなたのしていることはこういうことなんだよ」と気がつかせてあげようと考えたことが「幸せ物語」を書き始めた動機です．

[2] わからない人にこちらから歩み寄る指導

　私は，大きいクラスでは 150 人くらいの教室で数学の授業をすることがあります。150 人ですから一人一人に対してその個性に応じたきめ細かな指導をするのは不可能です。したがって，授業はそのクラスで最も合っているとされるレベルで授業を行うわけですが，授業が難しすぎると感じたり，授業がわからないという生徒は少なからず存在します。また，授業の内容がわかっている「つもり」の人も少なくありません。そのような生徒の一部が授業後に質問に来るのですが，その質問の内容から「この生徒はテキスト以前のことがさっぱりわかっていない」と感じたり「理解していないのに，それに気がつかないで『幸せな状態』にある」と思うことは多々あります。

　ところで，授業の内容が理解できていない人全員が私のところに質問に来るわけではありません。質問に来ない理由は「先生に怒られたくないから来ない」とか「自分はできているんだ」と思っているからとか「面倒くさいから」などが理由ですが，私は，大人数で授業をする場合はこのような「質問に来ない生徒も何とかしなければならない」と考えています。一方，質問に来る生徒の中には，根本から誤解している人，大きく勘違いしていてもその重大性に気がついていない人などの「幸せな人」が何人かいました。一週間の中にこのように「『よく理解していない』かつ『それを質問に来る』」生徒が 4, 5 人いれば「『よく理解していない』かつ『質問に来ない』」生徒は全体ではかなりいると考えられるのではないでしょうか。

　まず，私は毎週「今週はこのような質問例があった」という内容を箇条書きにして生徒に報告するようにしましたが，実はこれでは肝心な生徒はなかなか読みません。そこで，今度は講師室に質問に来た生徒の会話を載せました。「先週，ある生徒が質問に来て，このようなやりとりがあったんだよ」などという内容の実例をあげたり，「あなたはここに書かれているような『幸せな人』にはなっていませんか」と問いかけたりしました。こうすると，少しずつですが，今まで質問に来なかった生徒達も「先生，私，あの話の中の幸せな人に当てはまるのですがどうしたらよいでしょう」と気がついてもらえるようになりました。

　この方式を続けていると，同じ人が質問に来るので「以前質問に来た A 君が今度はこのような質問をにしに来た。このような質問が出るということは彼はこのような勘違いをしていたのかもしれない」のような書き方になり，少しずつストーリー仕立てになりました。ところで，私は，普段授業で配るプリントは B4 を使い，それを折って B5 の紙 4 ページ分としていました。この方法の場合，「幸せ物語」のページ数は 4 の倍数が望ましいので，「幸せ物語」は次第にページ数が 4 の倍数になるように数学的なジョークなどを交えるようになり，本書のような形式になりました。

3. 登場人物紹介

　幸せ物語には多くの登場人物がおり，それぞれ役割が決まっています。それを知って読むと楽しめるでしょう。

(1) 幸福高校の生徒

> 主役

　福山　幸一　（ふくやま　こういち）
　　まじめで明るく素直な性格であるが，ときどきちょっと変わった発想をしてまわりから浮くこともある。しかし，まわりから浮いたとき，あるいは幸せな解答をしてまわりから馬鹿にされてもほとんど気にすることなく，また，決して (馬鹿にした相手を) 悪く言うことはない。
　　証先生の指導を全面的に信用し少しずつ数学の力をつけていき，自分が幸せな人であることを自覚しつつも成長していく。
　　宇宙に興味があり，将来は宇宙に関係する仕事をしたいと思っている。

　福川　るい　（ふくかわ　るい）
　　双子姉妹の姉。福山幸一とは幼馴染で家も近い。まじめな性格でものごとをきっちりとこなさないと気がすまない。それが原因でときどき神経質になり悩むこともある。

　福川　れい　（ふくかわ　れい）
　　双子姉妹の妹。見かけは楽観的な性格で何も考えていないようでも姉のるいや周囲の人間のことを思いやる。社交性があり，あまり人と話をしたがらない積和夫ともうまく話をすることができる。

> 特別な役割をもつ生徒

　積　和夫　（せき　かずお）
　　幸福高校で一番の秀才。すでに大学生が学ぶ数学にも深く精通し，高校数学を上から見ることもできる。高 2 の段階で全国模試で全国で 20 位以内に入る。
　　親は数学者。妹の和枝とともに小さいころから数学に触れて育った。無口でクールなタイプであるが，数学的な誤りを目撃したときは黙っていられない。

　今成　指数人　（いまなる　しすと）
　　自分に自信をもち，偉そうに振舞うことも多々ある。本人は「数学の知識で

は積に劣っていても，受験数学については幸福高校で自分が一番よくできる」と思っている。ときどき自分の解答に酔いしれることもある典型的な要領派である。

石原　彩子　（いしはら　あやこ）
　　清楚でやさしい性格の持ち主で容姿端麗。数学の実力もクラスではやや上位の方。馬鹿にされてもめげない幸一に魅力を感じ幸一に接近しようとする。まわりから見れば石原が幸一に気があるとは信じられない。ピアノがうまい。

謎の女子高生
　　福山幸一が数学的な壁にぶつかっていたときや，数学的な勘違いをしているときに幸一を傷つけないように応援する3年1組の生徒であるが，それがだれであるかはわからない。

その他の3年1組の生徒達

日浦　素子　（ひうら　もとこ）
　　福川るいとれいの友人。はっきりとものをいう性格で，るいが言いにくいことなどを察知して言ってくれる。物語の中では，るいとれいとの話相手として多く登場する。

月島　自朗　（つきしま　じろう）
　　福山幸一の友人で，幸一と話がよく合う。物語の中では幸一の話相手として多く登場し，幸一の暴走を止めることもよくある。

火野　整子　（ひの　せいこ）
　　数学には関心が小さいが学力は学年の平均よりやや高い。高校生にしては厚めの化粧をし，プライドも高い。

水上　有理恵　（みずかみ　ゆりえ）
　　学習にあまり関心はなく熱心ではない。つねに勉強はやらされているという感覚をもち，勉強からの逃げ場を求めている様子である。

木島　実　（きじま　みのる）
　　学習に関しては不真面目である。宿題なども自分でやらず，他人のノートを写させてもらうタイプで，テストなども自分であまり勉強することなく，どうしたら悪い点をとらないかをまわりに求めている。

金田　複勝　（かねだ　ふくかつ）
　　3年1組の学級代表。手堅い性格で，クラスのまとめ役でもある。

土根　乗　（どこん　じょう）
　　要領は悪いが馬力でものごとを解決するタイプ。例えば，数学の問題を解くときもよい解法でなくてもその圧倒的計算力をもって問題を解ききってしまう。

福島　解　（ふくしま　かい）
　　幸福高校の2年生の生徒。まじめで強気な性格。

福本　答子　（ふくもと　とうこ）
　　幸福高校の2年生の生徒。心配性で弱気な性格。

福山　幸二　（ふくやま　こうじ）
　　幸福高校の1年生の生徒。福山幸一の弟で兄と同様に幸せな性格。

積　和枝　（せき　かずえ）
　　積和夫の妹で高校1年生。兄と同様に数学がよくできる。

(2) 幸福高校の先生

証　明子　（あかし　あきこ）　（29歳）
　　幸福高校数学科教諭。3年1組の担任でもある。校長先生の信頼も厚くここ数年は受験学年である高3クラスを担当している。
　　数学に関しては受験ということを配慮するものの，要領だけの丸暗記数学をきらう。ときどき「幸せ度チェックシート」を配布して生徒に「幸せ度」を自覚させようとする。
　　生徒からの信頼も厚い。

発飛　校長　（はっぴ　こうちょう）　（56歳）
　　幸福高校の校長先生。発飛（はっぴ）というのは，数年前の生徒が校長をhappyをもじって呼んだことがきっかけで本名ではない。本名はこの物語の中では明らかにされていない。
　　校長室は解放的で生徒は何かあるとここに来て校長と相談をする。生徒から信頼があり，また，数学の先生でもあったこともあり校長室で生徒に数学を教えることもしばしば。受験の裏側にも詳しい。

頑光　厳格　（がんこう　げんかく）　（52歳）
　　幸福高校の数学科主任。頑固で融通がききにくい性格である。

杉本　英和 (すぎもと　ひでかず)　(55 歳)
　　幸福高校の英語科主任。海外の生活経験もあり豊富な経験をもとに英語を指導する。

夏目　漱岩　(なつめ　そうがん)　(47 歳)
　　幸福高校国語科教諭。いつも，着物を着ている。授業は厳しい。

中村　俊　(なかむら　しゅん)　(31 歳)
　　幸福高校体育科教諭。特にサッカーが得意で女子生徒に人気のあるイケメンである。しかし，本人はそのようなことも全く気にしていない。生徒の心をつかむのがうまい。

湯川　秀　(ゆかわ　しゅう)　(40 歳)
　　幸福高校物理科教諭。典型的な理系オタクが成長して先生になったという感じ。いつも白衣を着ている。

松本　清子　(まつもと　きよこ)　(35 歳)
　　幸福高校の保健室の先生。薬の知識は抜群。証先生と仲がよい。

(3) その他の人物

岩田　康　(いわた　やすし)　(22 歳)
　　教育実習に来た大学 4 年生。自分の受験時代に自信をもち，塾でも数学を教えている。
　　自分には数学の力が十分あるから，当然教え方もうまいと誤解するタイプ。

福田　幸子 (ふくだ　さちこ)　(19 歳)
　　幸福高校の昨年度の卒業生。福山幸一達と同様に証先生に数学を習っていたらしい。受験に悩む 3 年 1 組の生徒達に時折適切なアドバイスをおくってくれる。

福山　幸　(ふくやま　みゆき)　(44 歳)
　　福山幸一の母親。

4. 読む上での注意

　幸せ物語の中の数学的な誤りのほとんどは，著者が，最近，生徒の質問に答えているときから得られたものです．ですから，本文中で3年1組の生徒達が間違えたことはそのほとんどは現実に起こったことであり，これからも多くの高校生に起こりうることです．これに対し，本文中の数学的な(あるいは数学的でない)冗談はほとんどが著者が勝手に考えて話に加えたものです．

　登場人物，高校名はすべて架空のものであり，たとえ登場人物と同じ名前の人がいたとしてもそれはその個人を意識したものではまったくありません．

　また，登場人物の発言について，高校生の積和夫，謎の女子高生は数学の内容についてはつねに正しいことを言いますが，それ以外の生徒は必ずしも正しいとは限りません．ですから，この2人以外の生徒(主に，福山幸一と今成指数人)の発言は後になって修正されることもあるので注意してください．なお，高校の先生達はつねに正しいことを言います．

　「幸せ物語」は第1話から第18話まであります．第1巻の中には第1話から第9話までがあり，4月から7月の夏休み前までが扱われています．第2巻の中には第10話から第18話までがあり，9月から12月までが扱われています．

　受験生の方は自分がこのメンバーのどれに近いかなどを考えながら，数学の問題に取り組み，またストーリーも楽しんでください．

　　　　　　　　　　　　　　　　　　　　　　　　　著者　清　史弘

目　次

◆ **本編** ◆

第 10 話　これなら大丈夫 13
第 11 話　暗中模索 25
第 12 話　宝の持ち腐れ 39
第 13 話　証先生倒れる 51
第 14 話　短期的学習と長期的学習 71
第 15 話　「知らないこと」と「わからないこと」 87
第 16 話　公式には覚え方がある 97
第 17 話　伝わらない 115
第 18 話　競った仲間がいたから 127

◆ **付録** ◆ 141

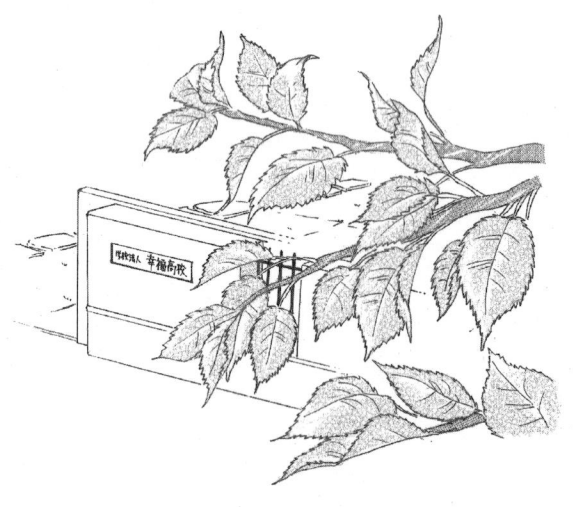

第 10 話　これなら大丈夫

****
　数学の問題の中には「関数の最大値を求めよ」とか「体積を求めよ」のような求値問題 (値を求める問題) もあれば、「○○であることを証明せよ」といった論証問題もあります。前者は途中で誤った考え方をすると結果が異なることが多いので、多くの場合は学習者が自分自身で間違えたことに気がつきます。しかし、後者の論証問題の場合は、学習者自身では間違えたかどうかの判断がつきにくいので、そのまま放置されることも多いので危険です。今回はそのような例をいくつかあげてみましょう。
****

　今回の話は次の問題を解いてから読むと楽しめます。

【問題 10 – 1 】

　$\triangle ABC$ に対し、
$$\vec{p} = (\vec{AB} \cdot \vec{BC})\vec{CA} + (\vec{BC} \cdot \vec{CA})\vec{AB} + (\vec{CA} \cdot \vec{AB})\vec{BC}$$
とする。ここで、$(\vec{x} \cdot \vec{y})$ は 2 つのベクトルの $\vec{x}, \vec{y}$ の内積を表す。
　$\vec{p} = \vec{0}$ であるとき $\triangle ABC$ はどのような三角形か。　　　　(解答は p.142)

【問題 10 – 2 】

　$f(x) = x^3 - 6x^2 + 9x$ とする。$0 < m < 9$ のとき $y = f(x)$ のグラフと直線 $y = mx$ で囲まれる部分は 2 つあるが、その 2 つの部分の面積が等しくなるような m の値を求めよ。　　　　(解答は p.143)

【問題 10 – 3 】

　$A = \begin{pmatrix} 1 & 2 \\ 4 & 0 \end{pmatrix}, X = \begin{pmatrix} x & y \\ z & w \end{pmatrix}$ とする。このとき、$AX = XA$ であれば $X = pA + qE$ (p, q は実数) と表せることを示せ。ただし、$E = \begin{pmatrix} 1 & 0 \\ 0 & 1 \end{pmatrix}$ である。
　　　　(解答は p.144)

夏休みも終わり2学期になりました。幸福高校の3年1組の生徒達も受験を半年後に控えていることを自覚してきたのか，自ら問題集を探して勉強する人が増えてきたようです。

ところで，幸一君とるいさん，れいさんは幸福高校に歩いて通える範囲に住んでいるので電車では通学していません。しかし，最寄り駅の駅ビルの2階にある店にはよく買い物に行きます。2学期が始まって数日たったある日，れいさんがこの駅ビルの中にある書店で買い物をしていると，偶然，幸一君に出会いました。

★　　　　★

幸一: あれぇ。そこにいるのはれいじゃないの?

れい: あ，幸一。こんにちは。

幸一: ここで何してるの。

れい: 最近ね，みんな教科書と学校で配られる問題集以外に何か問題集を買って解いているみたいじゃない。

幸一: るいもそうなの。

れい: もちろん。るいはしっかりしているわよ。高3になったときから受験教科は毎日問題集で鍛えているわ。私も問題集を探しているんだけど，どれでもいいってことないし，志望校に合格するにはこれなら大丈夫と思える問題集がないか探しに来たのよ。

幸一: えー。るいがねぇ。やっぱりやらなきゃだめかなあ。

れい: 幸一，証先生の話を聞いてなかったの? 受験としての数学の学習はね，
　　第1段階: 定義，基本事項を理解する。
　　第2段階: 教科書の問題などで，基本事項を使いながらそれらを定着させる。
　　第3段階: 複数の基本事項を組み合わせた問題の演習をする。定石と呼ばれるものをここで身につける。

幸一: (れいさんの話をさえぎって)「定石」って何?

れい: 例えば,「連立方程式
$$\begin{cases} x^2 + y^2 = 7 \\ xy + x + y = 4 \end{cases}$$
を解け」という問題があったとするでしょ。この連立方程式は x, y の対称式[1]だから $x+y=u, xy=v$ とおいてまず u と v の方程式に直すよね。

幸一: へぇー,そうなんだ。

れい: すると,新しく u と v の連立方程式
$$\begin{cases} u^2 - 2v = 7 \\ u + v = 4 \end{cases}$$
ができて,これを解いて u, v の値がわかって,その後で u, v の値から x, y の値を求めるでしょ。それで,今,「x, y の対称式だから $x+y=u, xy=v$ とおく」だったけど,このように解法の中にはある程度決まった「型」があるものがあるのね。これを「定石」っていうのよ。こういうのって,入試の本番中にどうやって解いたらよいかって悩むべきものではないものなのね。

幸一: あ,そう,そうだったね。(汗)

れい: そして,受験の学習の最終段階として,

　　第 4 段階: 複数の問題のセットを時間内で解く練習をする。

があるのよ。各段階にあわせた問題演習が必要なのよね。

幸一: なんで,「第 4 段階」のようなことするの?

[そのとき,幸一君の後ろからるいさんが現れました。]

るい: 入試問題はね,何題かの問題のセットで与えられるの。例えば,東大の理系の場合は毎年 6 題出題されるのよ。

幸一: おー,びっくりした。るいか。同じような声が後ろから聞こえたのであせったよ。

るい: それでね,その 6 題は難易がかなり異なっていて,誰でも解けそうなやさしい問題から,積君でも悩むような問題まであるのよ。

---

[1] 対称式: $x^3 + y^3, x^2 - 3xy + y^2$ のように x と y を入れ換えても式自体が変わらない多項式を x と y の対称式という。

幸一: なんでそんなことするの?

るい: 幸一、あんた本当に証先生の話を聞いてなかったのね。受験者の点数にばらつきを生じさせるためだって言ってたでしょ。

幸一: 証先生、いつ言ってたのかなぁ。それで、なんでそんなことする必要があるの?

るい: あのさ、入試ってそもそも大学のためにあるのよ。つまり、入試は受験者を能力別に振り分けて、学力のある受験生を大学側が選別するためにあるの。それで、受けた人がみんな同じ点じゃ振り分けられないでしょ。だから、難易の異なる問題を出して、受験者の実力の差が点に現れるようにしてあるのよ。「やさしい問題もできない人」「やさしい問題しかできない人」「難しい問題もできる人」のようにね。ちょっと大雑把だけど。

幸一: うーん。それでなぜ「第4段階」みたいなことをする必要があるの?

れい: それは、時間配分などを体で覚えることもあるけど、「問題のセット」の中でどの問題でどう点をとるかも練習する必要があるって証先生が言っていたわ。試験の一番最悪な終わり方は「自分の解ける問題を残して終わること」だということも。

幸一: なるほど。

れい: 幸一、るいはともかく、こんなに適当な私でさえ覚えているんだからもっとしっかりしなきゃ。(ちょっと自虐だけど)

幸一: 確かに、るいに言われるより、れいに言われるほうがあせるよ。

れい: (ムカッ)

るい: ところで幸一は何しに来たの?

幸一: あっ、それは···

れい: あのさ、私達がこれだけ幸一にいろいろ教えてあげたんだから、ちょっと外でお茶しない。もちろん幸一のおごりよ。

るい: それいいね。

幸一: (少し顔が蒼ざめて) わ、わかったよ。

★　　　　　★

　3人は駅ビルを出て，近くの駅の正面にある店に入りました。

★　　　　　★

れい: わーい。幸一ありがとう。まずケーキを注文してももちろんいいよね。

幸一: う，うん。(でも，安いのにしてね。)

るい: (にやっとして) 幸一，今まで幸一には隠していたけど，私達「高くつく女」なのよ。今，明らかにするわ。

幸一: そんなの隠し通してくれよ。

　　[3人は注文をしました。少し経って注文の品が届き，2人はケーキを一瞬のうちに平らげ「追加注文」もしてしまいました。]

幸一: ゲッ，すごい食欲。

るい: それで，幸一は何しに本屋に来てたの?

幸一: 証先生が出していた問題あったよね。あれ当てられているんだよ。つまり，今度，黒板の前で説明しなければならないんだよ。

れい: それで，何で本屋にいたの? あ! ピーンときた。幸一，解答を探していたでしょ。

幸一: う，うん，まあ，その通り。(こういうときのれいはホントするどいなあ。)

るい: どんな問題だったっけ。

幸一: 今，問題もっているよ。こんな問題。

　　[幸一君は問題を見せました。]

【問題 10 − 1】
　　△ABC に対し，
$$\vec{p} = (\vec{AB} \cdot \vec{BC})\vec{CA} + (\vec{BC} \cdot \vec{CA})\vec{AB} + (\vec{CA} \cdot \vec{AB})\vec{BC}$$
とする。ここで，$(\vec{x} \cdot \vec{y})$ は2つのベクトル $\vec{x}$, $\vec{y}$ の内積を表す。
　　$\vec{p} = \vec{0}$ であるとき △ABC はどのような三角形か。

幸一: まあ, でもだいたい解けているんだ。ただ, あっているかどうか知りたいだけで立ち寄ったので…, うん, 別にもういいや。

れい: あっ, 確かに幸一, こんな問題当たっていたね。思い出した。で, 幸一, 本当に解けたの? もしかして, 幸一が典型的な間違いをするのを期待して証先生が幸一を当てたのかもよ (笑)

幸一: 大丈夫だって!

るい: わかったわ。じゃあ, 明日の数学の授業, 楽しみにしてるね。私の手を借りなくてもいいって言うから。

れい: どうして, 「私達」じゃなくて, 「私」なのよ。もう。解いた問題の類題しか解けないくせに。

るい: なによ, あんただって例題しかやらないでしょ。

:

★   ★

翌朝になりました。幸一君が玄関までやってきて上靴に履き替えようとすると上靴の中に何か入っていました。「何だろう」と思って見てみると1枚の紙が入っており, 広げてみると次のような内容が手書きで書かれていました。

◆◇◆◇◆◇◆◇◆◇◆◇◆◇◆◇◆◇◆◇◆◇◆◇◆◇

$\vec{p}$ を $\vec{AB}$ と $\vec{AC}$ で表してみる。$\vec{AB}$ と $\vec{AC}$ は1次独立だから $\vec{p} = s\vec{AB} + t\vec{AC}$, $\vec{p} = \vec{0}$ のとき $s = t = 0$ であることを利用すると △ABC が正三角形になるための条件が得られる。

◆◇◆◇◆◇◆◇◆◇◆◇◆◇◆◇◆◇◆◇◆◇◆◇◆◇

幸一君はこの手紙の内容が, 自分が証先生から当てられて, 今日授業で解答を発表しなければならない問題に関係するものであることはすぐにわかりました。しかし, この紙切れが誰かが間違えて自分の上靴の中に入れたのか, わざと自分の上靴に入れたのかはわかりませんでした。そして, 「自分はもっと簡単に書けるよ」と思っていたので, この紙切れを丸めてすぐに捨ててしまいました。

幸一君が紙切れを読み始めてから捨てるまでを見続けていた一人の女子生徒がいました。

★   ★

謎の女子高生: 大丈夫かしら。

★ ★

同じ日の数学の時間になりました。予定通り, 幸一君は黒板の前で【問題 10 - 1 】の解答を書きました。幸一君の書いた解答は次のようなものです。

☆─────────────────────────────────☆

(幸一君の解答)
△ABC が正三角形であれば, 一辺の長さを a とおくと,
$$\vec{AB} \cdot \vec{BC} = |\vec{AB}||\vec{BC}|\cos 120° = -\frac{1}{2}a^2$$
同様に,
$$\vec{BC} \cdot \vec{CA} = \vec{CA} \cdot \vec{AB} = -\frac{1}{2}a^2$$
である。したがって,
$$\vec{p} = -\frac{1}{2}a^2\vec{CA} - \frac{1}{2}a^2\vec{AB} - \frac{1}{2}a^2\vec{BC}$$
$$= -\frac{1}{2}a^2(\vec{CA} + \vec{AB} + \vec{BC})$$
$$= \vec{0}$$

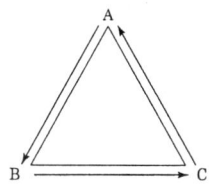

である。したがって, △ABC が正三角形であれば $\vec{p} = \vec{0}$ となるから, $\vec{p} = \vec{0}$ であるとき, △ABC は正三角形である。

☆─────────────────────────────────☆

幸一君は自信たっぷりですが, 証先生は冷たい目をしています。

★ ★

証先生: 福山君, 問題文をよく読みましたか?

[窓の方の席で今成君がクスクス笑っています。積君は無表情です。]

幸一: え? どういうことですか? この解答じゃだめなんですか? 何度も計算はチェックしたのですが...

証先生: 計算が間違っているのではありません。

幸一: えー? よくわかんないです。

証先生: 問題は「$\vec{p} = \vec{0}$ であれば △ABC はどのような三角形か」と聞いているのです。でも，あなたの解答は「△ABC が正三角形なら $\vec{p} = \vec{0}$ である」つまり，逆を確認しているのにすぎないのですよ。

幸一: えー，そうなんですか? 僕はおろかな人ですか?

証先生: いえ，幸せな人です。

[教室の中に笑いがおきました。]

今成: よおっ! 幸せな人!

火野: あー，私は，幸せな人ではないわ。ざーんねん。

月島: ちょっとみんな言いすぎだよ。

石原: そうよ，福山君かわいそうよ。

るい: (あやちゃんまで…)

証先生: みなさん静かにしてください。

[証先生は幸一君の方を向いて語りかけました。]

　　福山君，あなたの説明では △ABC が正三角形であれば $\vec{p} = \vec{0}$ であると言っていますが，その事実は正しいのですね。しかし，ここで聞いているのは，「$\vec{p} = \vec{0}$ であるような三角形はどのような三角形か」ですから，「△ABC が正三角形なら $\vec{p} = \vec{0}$ となる」つまり，「正三角形なら大丈夫」ではよくないのです。どこがよくないかをもっとはっきりさせると，この解答の場合では，

「確かに △ABC が正三角形であれば $\vec{p} = \vec{0}$ である。しかし，これでは正三角形以外に $\vec{p} = \vec{0}$ を満たす三角形はないのかが示されていない。」

という点です。これでは示せということの逆を示して喜んでいる幸せな人ということになるのですね。

幸一: ……

証先生: このような間違いは結構多いのですよ。例えば，【問題 10 - 2 】の場合は次のような解答を書く人がいます。

****

(誤答例)

3次関数のグラフは変曲点に関して対称である。ここで，
$$f''(x) = 6x - 12 = 6(x - 2)$$
より $x = 2$ の前後で $f''(x)$ の符号が変わるから，$y = f(x)$ のグラフの変曲点の座標は $(2,2)$ である。

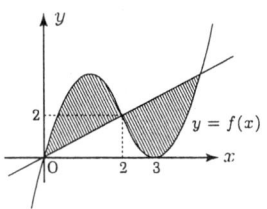

$y = f(x)$ のグラフが点 $(2,2)$ に関して点対称であることを考えると，直線 $y = mx$ が点 $(2,2)$ を通るとき2つの囲まれる部分の面積は等しい。よって，求める m の値は (直線 $y = mx$ が点 $(2,2)$ を通るときだから)
$$m = 1$$
である。

****

日浦: これじゃだめなんですか?

証先生: 採点基準があまければ見過ごされることもあるでしょうが，私は許しませんね。

日浦: 「3次関数のグラフが変曲点に関し対称」って試験で使ってはいけないのですか?

証先生: この解答がだめと言われた人はまずそのように考えるようですが，私はそのようなことには寛容です。この解答がだめである理由はそのようなものではなく，

「直線 $y = mx$ が変曲点を通るときに面積が等しくなることはよいが，では変曲点を通らない場合にはいつも2つの面積は等しくならないのか」

ということに答えていない点なのです。面積が等しくなるためには必ずしもグラフと直線が囲む2つの図形が合同である必要はありません。点対称な図形であっても点対称の中心を通る直線以外に2つの囲む部分の面積が等しくなることはあるからです。

日浦: なるほどそうですね。

証先生: また,【問題 10 - 3】の場合は次のような解答を書く人がいます。

****

(誤答例)

$X = pA + qE$ と表せるとき,
$$AX = A(pA + qE) = pA^2 + qA$$
$$XA = (pA + qE)A = pA^2 + qA$$
であるから, $AX = XA$ である。これで題意が示された。

****

月島: (ドキッ) これ, ダメなんですか?

証先生: これも逆を示して幸せになっている人の解答ですね。「$AX = XA$ となる X はどのような行列か」という問いに対し,「$X = pA + qE$ なら大丈夫」と答えているからです。

月島: (やばい。僕も幸せな人だ。)

証先生: このように,「条件 P を満たす x を求めよ。」という問いに対し,「$x = \bigcirc$ ならば P を満たす」という答え方をすると,「$x = \bigcirc$ 以外には P を満たすものはないのか」という指摘が入るのですね。

石原: 先生! 私, 以前次の問題を見たことがあるのですけど。

[石原さんが見たという問題は次のようなものでした。]

【問題 10 - 4】
xy 平面上の円 $C : x^2 + y^2 = r^2$ の外部に点 $P(x_0, y_0)$ をとる。点 P から C に 2 本の接線 l_1, l_2 を引き, l_1 と C, l_2 と C の接点を順に $Q(x_1, y_1), R(x_2, y_2)$ とおく。このとき, 直線 QR の方程式を求めよ。

今成: おっ, これは知らなきゃ解けないというやつだな。

石原: うん。そうかも。それでこの問題の解答を見たら次のようになっていたんです。

(解答)
　　点 Q における C の接線の方程式は,
$$x_1 x + y_1 y = r^2$$
とおけ, この接線が点 P を通ることから,
$$x_1 x_0 + y_1 y_0 = r^2 \quad \cdots\cdots ①$$
が成り立つ。

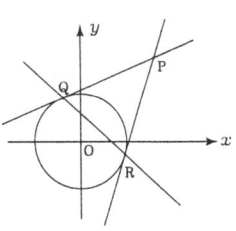

　　同様に, 点 R における C の接線が点 P を通ることから,
$$x_2 x_0 + y_2 y_0 = r^2 \quad \cdots\cdots ②$$
が成り立つ。
　　ここで, 方程式 $x_0 x + y_0 y = r^2$ ……③ で表される直線は ① が成り立つことより点 Q を通る。また, ② が成り立つことより点 R も通る。したがって, Q と R が異なる2点であることも考えて, ③ が直線 QR の方程式である。
　　以上より, 求める方程式は,
$$x_0 x + y_0 y = r^2 \quad \cdots\cdots (答)$$
である。

石原: こんな感じだったんだけどね…

幸一: んーよくわからないなぁ。何をやったのかなあ。

今成: つまりだ。まず Q, R における円 C の接線の方程式を立て, それが点 P を通るから P の座標を代入してみる。するとできた2つの式 ① と ② が $x_0 x + y_0 y = r^2$ (③) に Q, R の座標を代入した式になってしまったということさ。これで方程式 ③ の表す図形は Q, R を通ることが確定して, しかもこの方程式は1次式だから直線。ということは, ③ が直線 QR を表す式ということになる。まあ, こんな感じだ。

幸一: それで, 石原さんは何が不満なの?

石原: うん。だってね, ③ を立てた後, これが $(x, y) = (x_1, y_1), (x_2, y_2)$ を代入して, それで成り立つからこれが直線 QR の式だと言っているでしょう。これって今成先生が言っていた「③なら大丈夫」としか言ってないんじゃなくて?

幸一: 確かにそうだよ。

証先生: はい、そうですね。ただ、「答が一つしかないとわかっているもの」、「答が一つであると認めてよいもの」に関しては、偶然でも答になりうる条件を満たしていれば、それで答をすべて求めたことになるのですね。今の場合は、平面上において「異なる2点を通る直線は1本しか存在しない」ということは誰もが認めうることですから、その解答でよいのですよ。

石原: あ、そういうことですか。わかりました。

★　　　　　★

放課後になりました。校門を出てすぐの帰り道で幸一君はメールを打ちながら歩いていたるいさんを見つけました。幸一君がるいさんの携帯を覗こうとしたときです。

★　　　　　★

るい: な、何よ。覗かないでよ!

幸一: ごめんごめん。なんかさ、真剣にメールをしているようだから、どうしたのかなって思ってさ。

るい: だって、新しいメールアドレスを作ったんだもん。

幸一: え? るいのメアドって、ruidai@codomo.ne.jp じゃなかったっけ。

るい: 1つはその通り。でも今は、一つの携帯で2つのメアドがもてるのよ。でも2つめは秘密ね。これで、万が一幸一に超簡単なことを質問することがあっても、幸一にばれないからね。これなら大丈夫よね。

幸一: えー? みんな2つもっているの?

るい: たぶんね。れいも作ったっていうし、あっ、石原さんも持っているかもよ。(にやっとして) よく知らない人からお誘いのメールが来て、ホイホイと誘いにのると、それは彼女からの浮気調査だったりするから気をつけた方がいいわよ。(笑)

幸一: 証先生ももっているのかなぁ。

るい: 幸一! 私の話聞いているの!

★　　　　　★

2つ目のメールアドレスによって、幸一君はこの後たびたび救われることになります。

第 11 話　暗中模索

****

　問題集などの数学の答案，あるいは数学の専門書を読んでいるとき，「どうしてこんなことを思いついたのだろう」「何で，こんな式変形をしたのだろう」などと思うことはありませんか。

　数学の答案は様々な試行錯誤を繰り返して出来上がったものもあり，そのような場合ではしばしば完成された「最終形」が残ります。したがって，模範答案のみを見た場合には，その解法を作るためのきっかけがわからない場合も多くあることでしょう。「どうしてこんなこと思いついたのか」に対する回答は答案の「先の部分」に記されていることもあるのですが，慣れていないとそれを読み取るのは苦しいかもしれません。

****

　朝の朝礼前の時間です。幸一君は何やら計算をしている様子で，この様子を月島君が見ていました。また，幸一君の後ろに座っている土根君は幸一君と月島君の会話を聞き入っている様子です。

★　　　　　　★

月島: あれ? 幸一が珍しく真剣に考えている!

幸一: 「珍しく」は余計だよ。

月島: それで，何をそんなに真剣に考えていたんだよ。

幸一: うん，2^{100} の…

月島: 桁数のこと?

幸一: じゃなくて，「最高位の位の数を求めよ」っていう問題なんだよ。

　　[後ろから，土根君が会話に参加してきました。]

土根: それ，1 だよ。

月島: なんでわかるの?

土根: 覚えているから。2^{100} は，
　　　1267650600228229401496703205376
　　だよ。

幸一: 普通, 2^{100} なんて覚えておくものなの?

月島: 土根君は特別なんだよ。円周率も小数点以下 100 桁までは覚えているっていうし、三角関数表だって、5° きざみで覚えているって言うしさ。

幸一: 5° きざみって?

月島: $\sin 5°, \sin 10°, \sin 15°, \cdots, \sin 85°$ を覚えているってことだよ。

幸一: ひぇー。すごい。でも参考にならない!

[れいさんが会話に参加してきました。]

れい: 土根君って積君とは違った意味ですごいよね。ある意味天然記念物的よね。

[このとき, 積君は自分の名前が呼ばれたと思い反応しました。]

積: 福川さん, 今, 僕を呼んだ?

れい: 呼んではいないけど, 積君も土根君もすごいなあって。

月島: 土根君は 2^{100} の最高位の数を一瞬で答えたんだよ。

幸一: (と言っても, 単に覚えていただけだけどね。)

積: そのくらい僕だってわかるよ。2^{100} の最高位の数なんて 1 だよね。

幸一: え? 積君も覚えているの?

積: いいや。覚えていないよ。

幸一: じゃあなんで?

積: もちろん数学 II で習うように対数をとって考えることもできる。だけど, 2^{20}, 2^{30} とか 2^{100} の場合は特別なんだよ。

れい: どう特別なのか興味があるわ。教えて。

積: いいよ。まず, 2^{10} は何かわかる?

幸一: 1024 だろ。そのくらいは僕でも覚えているよ。

積: その通り。これをね,
$$2^{10} = 1024 = 1.024 \times 10^3$$
と見るんだ。

幸一: それで?

積: だから, 2^{10n} (n は自然数) っていうのは,
$$2^{10n} = 1.024^n \times 10^{3n}$$
となるよね。ここで, 1.024 っていうのは小数第 1 位が 0 なので n を大きくしてもなかなか 2 にはならないんだよね。

れい: あっ, そうか。一般に h が小さい数 (0 に近い数) のときは, 大雑把には,
$$(1+h)^n \fallingdotseq 1 + nh$$
だったものね。今の場合は $h = 0.024$ だから,
$$1.024^n \fallingdotseq 1 + 0.024 \times n$$
てことだからってことね。

積: そうさ。でもね, $0.024n = 1$ を解くと $n = 41.666\cdots$ だけど「$n = 40$ くらいまでは $1.024^n < 2$」とはならないんだよ。

幸一: どうして?

積: 福川さんの持ち出した近似式って本当は, $h > 0$ のとき
$$(1+h)^n > 1 + nh$$
なんだ。だから $1 + nh$ が 2 を越えなくても $(1+h)^n$ は 2 を越えることはあるんだよ。

れい: へぇー。じゃあ, どのくらいまで大丈夫なの。

積: うん。これも僕は以前調べたことがある。
$$1.024^{29} = 1.9892929\cdots$$
$$1.024^{30} = 2.0370359\cdots$$
だから $n \leqq 29$ までが $1.024^n < 2$ を満たすんだよ。したがって,
$$2^{10}, 2^{20}, 2^{30}, 2^{40}, \cdots, 2^{280}, 2^{290}$$
はすべて最高位の数は 1 なんだ。こう考えると僕も覚えているのかといえば覚えているのかもしれないけど。(笑)

れい: 面白いわね。つまり,「2^{10} の最高位の数を求めよ」から「2^{290} の最高位の数を求めよ。」まではすべて (最高位は) 1 ということなのね。

積: そうなんだ。

★　　　　　★

結局, 2^{100} の最高位はどのように求めたらよいのかということには触れられないまま朝礼の時間になってしまいました。

★　　　　　★

昼休みになりました。今度はるいさんが再び「最高位の数」に関する問題で悩んでいるようです。そのるいさんの近くで, れいさんと幸一君が話をしています。

★　　　　　★

れい: 最近の幸一って, 授業中眠そうね。夜, 遅いの?

幸一: まあね。ちょっと勉強にやる気が出てきてさ。自力で解ける問題も少しずつ増えてきて楽しくなってきたよ。昨日は, 回転行列の勉強にはまってさ。

れい: それはいいよね。私なんかいつも夜中はだらだら起きているだけだから。

幸一: るいと同じくらいに寝ているんじゃないの。

れい: (首を横に振って) ううん。るいはいつも 12 時きっちりに寝て, 私はその後 1, 2 時間くらい起きているわ。

幸一: それじゃあ, れいは僕と睡眠時間同じくらいだね。でも, るいは 12 時きっちりか。るいの性格が現れているよな。

[少し離れた席で, るいさんが問題集の解答を見て悩んでいるようです。それを幸一君が見つけました。]

幸一: るい, 何をさっきから悩んでいるんだい。

るい: ああ, 幸一。あの, この問題なんだけどね。もちろん解答は読めばわかるんだけど。

幸一: ちょっと見せて。

★　　　　　★

るいさんが解いている問題は次のような問題でした。

【問題 11 − 1 】
12^{60} の桁数と最高位の数を求めよ。ただし，$\log_{10} 2 = 0.3010, \log_{10} 3 = 0.4771$ とする。

問題集にはこの問題の解答として次のようにありました。

****

$$\begin{aligned}\log_{10} 12 &= \log_{10}(2^2 \cdot 3) = 2\log_{10} 2 + \log_{10} 3 \\ &= 2 \times 0.3010 + 0.4771 \\ &= 1.0791\end{aligned}$$

であるから，

$$\begin{aligned}\log_{10} 12^{60} &= 60 \log_{10} 12 \\ &= 60 \times 1.0791 \\ &= 64.746\end{aligned}$$

したがって，

$$12^{60} = 10^{64.746}$$

より，$10^{64} < 12^{60} < 10^{65}$ であるから，12^{60} は

$$65 \text{ 桁} \qquad \cdots\cdots (答)$$

の整数である。また，12^{60} は

$$12^{60} = 10^{0.746} \times 10^{64}$$

と表せる。ここで，

$$\begin{aligned}\log_{10} 5 &= \log_{10} \frac{10}{2} = 1 - \log_{10} 2 = 1 - 0.3010 \\ &= 0.6990 < 0.746\end{aligned}$$

$$\therefore \quad 5 < 10^{0.746}$$

$$\begin{aligned}\log_{10} 6 &= \log_{10}(2 \times 3) = \log_{10} 2 + \log_{10} 3 = 0.3010 + 0.4771 \\ &= 0.7781 > 0.746\end{aligned}$$

$$\therefore \quad 10^{0.746} < 6$$

であるから，

$$5 < 10^{0.746} < 6$$

したがって, 最高位の数は

　　　　　　5　　　　　　　　　　　　　　　　　……(答)

である。

****

幸一: この解答でいいんじゃないの。どこがわかんないの。

るい: だから, わからないんじゃないの。あのね, この解答の中で 12^{60} の最高位の数を求めている部分があるでしょ。そこで, なぜいきなり $\log_{10} 5$ と $\log_{10} 6$ を計算しているのかってことなのよ。$10^{0.746}$ が 12^{60} の最高位の数を決定する部分であることはもちろんわかるわよ。それで, なぜ $\log_{10} 5$ と $\log_{10} 6$ を選んだのかってことが聞きたいの!

幸一: なるほど, $\log_{10} 5 < 0.746 < \log_{10} 6$ であることがあらかじめわかっていてそれを確認しているような解答だもんなぁ。

るい: そう。例えば, 0.746 でなくて 0.543 ならどの自然数 n に対して $\log_{10} n$ を計算すればよいってわかるものなのかなぁ。

　　[この様子を積君が見ていました。幸一君はこれに気がつき積君に話しかけました。]

幸一: あっ, 積君。これどうしてだと思う。

　　[積君が近寄ってきました。今日の積君はいつもより機嫌がよいようです。積君はすばやく問題を読み, すぐに答えました。]

積: $10^{0.746}$ が与えられたときに, $\log_{10} 5$ と $\log_{10} 6$ をすぐに選び出すには, やはり問題に慣れていないと (解いた経験がある程度なければ) 難しいよ。でも, そういう人ばかりではないから, 「慣れていない人」はこの答案を作る前の段階で試行錯誤で調べなければならないんだ。

幸一: 何を?

積: 具体的には, $\log_{10} n \leqq 0.746 < \log_{10}(n+1)$ を満たす自然数 n を求めるということだけど,

$$\log_{10} 3 = 0.4771 < 0.746$$

$$\log_{10} 4 = 2\log_{10} 2 = 2 \times 0.3010 = 0.6020 < 0.746$$
$$\log_{10} 5 = \log_{10} \frac{10}{2} = 1 - \log_{10} 2 = 1 - 0.3010 = 0.6990 < 0.746$$
$$\log_{10} 6 = \log_{10}(2 \times 3) = \log_{10} 2 + \log_{10} 3 = 0.3010 + 0.4771$$
$$= 0.7781 > 0.746$$

のように調べていって初めて $\log_{10} n$ が 0.746 を超えたところを見つけるわけ。それで, 慣れてくると早く見つかるようになるということだけど。

るい: 解答にはこんなこと書いてないよ。

積: こういうことは普通「解答」には書かないんだ。基本的には, 数学の答案には
「どうしてこの数値を見つけたか」
「どうしてこのような変形をする気持ちになったか」
などは不要なんだよ。もちろん, わからない人に説明する場合は必要だけど。

るい: 最初は手探りなのね。暗中模索っていう感じだね。

積: 僕の父の話では, 数学者っていうのは自分の「足跡」を消してしまう人が多いんだって。

幸一: 積君のお父さんって数学できるの?

れい: 積君のお父さんって大学の数学の教授だものね。小さいときからお父さんの本を読んでいたらしいわよ。

積: うん。数学者っていろいろと試行錯誤の結果得られたものでも実に簡単に得られたかのように振舞うことも多いとか。つまり, あまり苦労した様子は見せたがらない人が多いらしいけどね。それが数学者のプライドって言う人もいる。でも, 数学者の苦労話は一般の人に説明しにくいっていうのも理由の 1 つとしてあると僕は思うけどね。

　これが理由かどうかはわからないけど, 物理, 化学や医学に関する発見, 発明などのエピソードが多いのに対し, 数学の発見に関するエピソードって少ないらしいよ。

幸一: ふぅーん。

積: 例えば, 次のような問題ならどうする。

★　　　　　★

積君は次のような問題を出しました。

【問題 11 − 2 】
次の条件で与えられる数列 $\{a_n\}$ がある．
$$a_1 = 1$$
$$a_{n+1} = 2a_n + 1 \quad (n = 1, 2, 3, \cdots)$$
a_n が 3 の倍数になるような n を求めよ．

この問題に対する解答として積君は次のようなものを書きました。

****

a_1 は整数である。また，a_k が整数であれば a_{k+1} も整数であるから数学的帰納法より，すべての自然数 n に対して，a_n は整数である。
次に，
$$\begin{aligned} a_{n+2} &= 2a_{n+1} + 1 \\ &= 2(2a_n + 1) + 1 \\ &= a_n + 3(a_n + 1) \end{aligned}$$
より，a_n と a_{n+2} は 3 で割った余りは一致する。
$a_1 = 1, a_2 = 3$ であるから，

n が奇数のとき a_n を 3 で割った余りは 1
n が偶数のとき a_n は 3 の倍数

である。よって，求める n は
$$n = 2k \ (k = 1, 2, 3, \cdots) \qquad \cdots\cdots \text{(答)}$$
である。

****

★ ★

るい: これも何で，$a_{n+2} = \cdots$ を計算しているのかよくわからないわ。

積: そうだね。わかりにくいよね。じゃあさ，この解答に頼らないで自分で答案を書こうとしたら何から始める?

るい: とりあえず手がかりがほしいから，実験するわ。

実際に漸化式にしたがって, $a_1, a_2, a_3, \cdots$ を求めてみると,
$$a_1 = 1, a_2 = 3, a_3 = 7, a_4 = 15, a_5 = 31, a_6 = 63, \cdots$$
となるから, これを見る限りでは, a_n が 3 の倍数になるのはきっと n が偶数のときって思うけど。

積: だよね。だから, 試行錯誤の結果, この問題を解決するには

(a) n が奇数のときは a_n は 3 の倍数にならない

(b) n が偶数のときは a_n は 3 の倍数になる

を示そうとするんじゃないかな。

るい: それで, なぜ, $a_{n+2} = \cdots$ ってなるの?

積: うん。a_n を 3 で割った余りは周期 2 で繰り返されるのだろうということなので, こういう場合は, 「2 つ後の項は 3 で割った余りは等しくなる」ということを言っておくんだよ。それで, 最初の 2 項である 「a_1 は 3 で割った余りが 1」, 「a_2 は 3 の倍数」であることを言っておくと,

- $a_1, a_3, a_5, \cdots$ はすべて 3 で割った余りが等しくて, a_1 が 1 だから, $a_1, a_3, a_5, \cdots$ はすべて 3 で割った余りは 1
- $a_2, a_4, a_6, \cdots$ はすべて 3 で割った余りは等しくて, a_2 が 3 の倍数だから, $a_2, a_4, a_6, \cdots$ はすべて 3 の倍数

であるといえる。こう考えてあって, さっきの解答ができるんだよ。

るい: ふぅーん。解答ができる前にこういうことがあったのね。

積: 数学の解答を読むときはさ, 書いてある順序で考えられたものでないことが多々あるのでさ, そのまま読んでいると話が飛んでいると思えることもよくあるんだよ。

るい: 積君でもそんなことあるの?

積: あるよ。でもそういうときはとりあえず先を読むんだ。それで, その先に書いてあることにたどり着くために自分だったらどのようなことするだろうと考えると, その前の飛んでいると思っていたところがわかったりするよ。

るい: ふぅーん。

れい: さすが積君だよね。ね, 幸一。

幸一: ・・・

るい: あれ? 幸一寝ているの?

れい: 昨晩は回転行列の勉強ではまって寝不足らしいからね。

幸一: (ねぼけて) ん? 回転寿司に行列ができたって? じゃあ別のところに食べに行こう・・・

るい: (あきれて) 本当に勉強していたんだか・・・

★　　　　★

5時間目開始のチャイムが鳴りました。3年1組の生徒達は席に着きました。5時間目は杉本先生の英語の時間です。このとき, 幸一君はさらに眠気がひどくなり限界状態でした。

英語の授業が始まって30分ほど経過しました。

れい: (小声で) 幸一! さっきの問題解けた?

幸一: ・・・・・・

れい: 幸一!

月島: (小声で) 福川さん, 幸一寝ているみたいだよ。

　[少し声が大きくなったので, 杉本先生が気がついたようです。]

杉本: おい, 騒がしいぞ。静かにしろ。

　[杉本先生は幸一君が寝ていることには気がつかなかったようです。]

れい: ふぅー。ばれなかったみたい。

★　　　　★

5時間目の英語の時間が終わりました。幸一君は熟睡を続けています。

6時間目が始まりました。今度は夏目先生の国語の時間です。国語の時間になっても幸一君は英語の教科書を広げて熟睡しています。

★　　　　★

れい: (小声で) 幸一, 今度は夏目先生で厳しいから, 寝ていたら怒られるわよ。

幸一: (zzz)

[幸一君は夢を見ていました。それは次のような夢です。]

****
(幸一君の夢)
[幸一君とるいさんとれいさんが放課後の教室にいます。幸一君はるいさんとれいさんに呼び出されたようです。]

幸一: 2人そろって僕に言いたいことってなんなの。

るい: 幸一, いや, 幸一君! 私, ずっと前から思っていたことがあったの。

幸一: 何だよ。急に改まって。

れい: 幸一くぅーん。私もよ。私もずっと前から思っていたことがあったの。

幸一: なんだよ。れいまで。何?

るい: 私ね, 前から幸一君のこと好きだったのよ。気がついていた?

れい: 私だって, るいよりもずーっと前から幸一君のこと好きだったのよ。

幸一: (ドキッ)

るい: でも私はね, れいの3倍幸一のことが好きなのよ。

れい: 私だって。私は, るいの4倍幸一
のことが好きなんだってば。

幸一: 困ったなぁ。どうしよう。

るい: 幸一君。私の言っていることは
本当よ。私はれいの3倍…

れい: 幸一くぅーん。私だって本当よ。
私はるいの4倍…

るい・れい: 本当よ。
[このとき, るいさんとれいさんはニヤリとしていました。]

幸一: うーん。2人同時に言われるとねぇ。ん? でも2人の言うことがどちらも本当だとしたらどうなる?

仮に、るいが僕を好きな程度を x としよう。れいはその4倍僕のことが好きだから $4x$ だけ好きということになる。でも、るいはその3倍僕のことが好きだから $4x \times 3 = 12x$ だけ僕のことが好きだということになる。でも、最初、るいが僕のことを好きな程度を x とおいていたから

$$12x = x$$
$$\therefore \quad x = 0$$

ということは、2人の話が本当ならどちらも僕のこと好きじゃないんだ。なーんだ。

ガーン!!

[るいさんとれいさんは笑っています。]
(ここまで夢の中)
****

[幸一君は「ガーン」という言葉をはっきり声に出して教室中に聞こえるように言ってしまいました。
まわりの生徒達は驚きました。]

れい: 幸一! どうしたの?

夏目先生: ……という意味なんだ。暗中模索の意味はな。わかったか。ん? 誰だ! 今、「ガーン」と言ったのは?

[教室は緊張感につつまれました。]

金田: やばいよ〜。

れい: 幸一! 起きなさいよ。

夏目先生: 福山! おまえか?

幸一: (寝ぼけた様子で) は、はい。起きています。

夏目先生: 本当か? なら、「暗中模索」の意味を言ってみろ。

幸一: (寝ぼけて) えっと、アンチュウモサクの意味ですか?

月島: あれっ、幸一 5時間目の英語の教科書を出している!!

れい: 幸一! 英語の時間じゃないのよ。

幸一: ええと, アンチュウモサクの意味は…
「あなたはもさくさんじゃないですか? (Aren't you Mosaku?)」

★　　　　　★

外は秋晴れですが, 教室には雷が落ちました。

第 12 話　宝の持ち腐れ

****

　受験生の中には，せっかく高度な知識をもっているあるいはもつ機会があるのに，このような知識は「試験で用いてはならない」とか「説明してから使わなければならない」などの「迷い」からそれを封印してしまう人も少なくありません。みなさんの中にもそのような人はいるのではないでしょうか。
　このことについて実際にあった「言い訳」などを交えて説明してみましょう。

****

　９月がもうすぐ終わる頃，３年１組の生徒も昼休みに勉強をする人が増えました．

★　　　　　★

れい: あれ？　るい。あんた昼休みに勉強するって言ってたのにどこ行くのよ。

るい: うん。夏休みに受けた模試が返却されたでしょ。あれさ，結構自信あったんだけど，なんかさぁ，採点者にうまく伝わらなくて大きく減点されちゃって。今さらだけど，せっかくわかっていてもそれが採点者に伝わらないと意味ないよね。で，落ち込んでいたら，朝，校長先生に見られちゃって「昼休みに校長室においで」って言われたのよ。

れい: ふぅーん。私には校長先生何も言ってくれないのはなぜ？

るい: 必要ないからでしょ。

れい: それ，どういう意味?

るい: い，いや別に…。それより，そこの幸一だって頑張っているわよ。じゃあ，私，今から行って来るから。

れい: よくわかんなーい。(幸一の方を向いて) ねぇ，幸一。何をそんなに真剣に解いているの？

幸一: これだよ，整数の問題。

★　　　　　★

　幸一君の解いていた問題は次のようなものでした。

【問題 12 - 1 】
$x^2 + y^2 = 17666$ なる方程式の正の整数解をすべて求めよ。

★　　　　　　　★

れい: 幸一にしては難しい問題を解いているね。で,できたの?

幸一: まあね。

[そのとき,後ろから石原さんがやって来ました。]

石原: え,この問題やっているの? すごいじゃない。

れい: 彩ちゃん,幸一にはあまくない?

★　　　　　　　★

幸一君の解答は次のようなものでした。

☆──────────────────────────────☆
【幸一君の解答】

$17666 = 2 \cdot 11^2 \cdot 73$ である。ここで,x と x^2 を 11 で割った余りの関係は次のようになる。

x	0	±1	±2	±3	±4	±5
x^2	0	1	4	9	5	3

ここから,$x^2 + y^2 \equiv 0 \pmod{11}$ となるのは

$x \equiv y \equiv 0 \pmod{11}$

の場合に限るから $x = 11x'$, $y = 11y'$ とおくと,$x^2 + y^2 = 17666$ は

$(11x')^2 + (11y')^2 = 17666$
$\therefore \quad x'^2 + y'^2 = 146$

となる. 146 以下の平方数は

$1^2 = 1, 2^2 = 4, 3^2 = 9, 4^2 = 16, 5^2 = 25, 6^2 = 36, 7^2 = 49,$
$8^2 = 64, 9^2 = 81, 10^2 = 100, 11^2 = 121, 12^2 = 144$

であり,和が 146 になる組は $(25, 121)$ なので,

$(x', y') = (5, 11), (11, 5)$

よって,
$$(x,y) = (55, 121), (121, 55) \quad \cdots\cdots \text{(答)}$$
である。

☆————————————————————————————☆

石原: ねぇ, 幸一君。ちょっと聞いていい?

幸一: いいよ。何?

石原: 幸一君の解答の中で,

「$x^2 + y^2 \equiv 0 \pmod{11}$ となるのは $x \equiv y \equiv 0 \pmod{11}$ の場合に限る」

ってあるけど, それなんでなの?

幸一: それはさ, その上の表から「x^2 を 11 で割った余りは 0, 1, 3, 4, 5, 9 しかない」ということがわかるよね。

石原: う, うん。「平方数の余りはすべてはそろわない」とかいうやつね。

幸一: そう。それで, 0, 1, 3, 4, 5, 9 の中から 2 つ選んで足したとき, その和が 11 で割り切れるのはどのような場合だと思う? 同じ数を 2 回使ってもいいよ。

石原: あっ, そうか, それは $0 + 0 = 0$ しかないってことね。他はどの 2 つを加えても 11 の倍数にならないわ。

幸一: その通り, $x^2 \equiv 0$, $y^2 \equiv 0 \pmod{11}$ の場合しかない。それで, $x^2 \equiv 0$, $y^2 \equiv 0 \pmod{11}$ となるのは, x がどんなときだったかというと, それは表から $x \equiv 0$, $y \equiv 0 \pmod{11}$ の場合ということになる。だから, $x^2 + y^2 \equiv 0 \pmod{11}$ となるのは x と y がどちらも 11 の倍数になる場合しかないんだよ。

れい: 今日の幸一はいつもと違って雄弁ね。(笑)

幸一: ん? また, いつかのように[2]夢を見ているんじゃないだろうな。石原さん, ちょっと僕を殴ってみて!

石原: え? いいの?

るい: 幸一, わたしもやろうか。

幸一: るいはいい。力強そうだから。じゃあ, 石原さんお願い。

---
[2] 第 9 話参照。

石原: じゃあ, 幸一君のために本当にやるよ。えいっ!

　　　[石原さんは本当に手加減をしませんでした。石原さんは見かけは細くても意外と力が強く, 幸一君は吹っ飛んで転がりました。

　　　この騒ぎを見て, 今成君が遠くから楽しそうにやってきました。]

今成: いやぁ, いやぁ。問題が解けなくてもめているのかい? 俺が解決してあげようか?

れい: 私は関係ないわよ。

石原: 残念でした。今回は, 幸一君が解けちゃったんだから!

今成: なぁんだ, いつもと展開が違うなぁ。いつもだったら, 福山が変な解答作っていて, 俺が助けに来て話が終わるのにさぁ。

幸一: (そんなことあったっけ?)

　　　[今成君は幸一君が解いた問題を覗くように見ました。]

今成: あ, この問題な。俺も解けたよ。福山の解答があっているかどうか見てやるよ。

幸一: 別に見なくていいよ。あっ。

　　　[と言っている間に, 今成君はすばやく幸一君のノートを奪い取りました。]

今成: あのさぁ, ふくやまー。この解答さ, 合同式使っているじゃないか?

幸一: うん。それが, 何か?

今成: 合同式って高校の教科書に出て来ないじゃん。こんなのだめだよ。

幸一: 教科書にないってだめなの?

今成: もちろんさ。

幸一: ガーンショック! あーあ。これだからやる気無くすなぁ。

れい: やる気なくすといえば, もう一人そんな人いたわ。あなたも校長室に行ってみたら。

幸一: 誰それ? なんで, 校長室?

れい: るいよ。るいも同じような理由で相談しに校長室に行っているみたいなの。
幸一: わかった。るいに話している話を一緒に聞かせてもらうよ。
石原: 私も行くわ。

★　　　　　　　　★

　幸一君とれいさんと石原さんは校長室に行きました。

★　　　　　　　　★

れい: 失礼します。
発飛校長: はい，どうぞ。るいさんも来てますよ。
るい: あれ，幸一と石原さんも来たのね。なんで?
れい: 幸一はね，今成君にボコボコにされちゃったの。
幸一: ボコボコじゃないよ。合同式を使ったら，ひどく馬鹿にされてさ。
発飛校長: 福山君。合同式を使ってどうしたというのですか?
幸一: この解答を見せたら合同式を使っているからだめだって言われて…
　　　[幸一君はさきほどの解答を見せました。]
発飛校長: ん? 別にこの解答ならいいんじゃないですか。できてますよ。
幸一: (急に元気を出して) ホントですか? 校長先生!
発飛校長: 確かに，合同式は使っていますけど，これは「表現を簡略化する」意味で使っているだけですからね。例えば，

　　　「x^2+y^2 は 11 で割った余りは 0 である」

　　と書く代わりに

　　　「$x^2+y^2 \equiv 0 \pmod{11}$」

　　と書いただけですから。合同式を使うことによって説明しなければならないことを省いたわけではないですし。
幸一: 教科書になくてもいいんですか?

発飛校長: 教科書にない用語・記号なんてかなりありますよ。「垂線の足」とか「1次独立」とか「はさみうちの原理」とか…。教科書にない用語・記号などを用いることで本来説明しなければいけない部分が隠れてしまい、それによって説明が省かれてしまうのは問題があります。ですが、表現の簡略化など、表現だけの問題であれば用いてもかまいません。

れい: え？ だったら校長先生、物理の本を読んでいたら x の自然対数を「$\ln x$」なんて表していましたけど、あれも使ってもいいんですか。

発飛校長: 表現の範囲であれば一向にかまいませんよ。でも、数学 III で $\log x$ で表す習慣になっていますから、無理して新しい記号を使う必要はないと思いますけどね。

幸一: ところで、先生、さきほどの話で「説明されなければならないことが説明されていない場合」というのは、例えばどんなものがあるのですか？

発飛校長: それこそ、さきほどの福川るいさんの答案だったんですよ。福川さんは「何で自分の答案がわかってもらえないのか」と思っていたようですが、そういう問題じゃなかったんですよ。そのことを今までるいさんに注意してたんです。
　その話を簡略化するとこうです。
福川さんは

> $\vec{0}$ でない $\vec{a}$ と $\vec{b}$ が平行でないとき
> $$s\vec{a}+t\vec{b}=s'\vec{a}+t'\vec{b} \Rightarrow s=s', t=t'$$
> となるのはなぜか？

という問いに対し、

「$\vec{a}$ と $\vec{b}$ は1次独立だから」

と答えてしまったんです。福川るいさんは

「$\vec{a}, \vec{b}$ はどちらも $\vec{0}$ でなく、平行でもない」

を1次独立の定義としていたようですが[3]、であれば、

「1次独立ならなぜ『$s\vec{a}+t\vec{b}=s'\vec{a}+t'\vec{b} \Rightarrow s=s', t=t'$』であるのか」

---

[3] $s\vec{a}+t\vec{b}=\vec{0} \Rightarrow s=t=0$ が成り立つような $\vec{a}, \vec{b}$ を1次独立であると定義する場合もある。

とこの問題は聞いているようなものなんですよ。

るい: 私はもう理解しましたよ，校長先生。

発飛校長: 逆に，教科書に載っている内容でも設問の仕方によっては使ってはまずいということもありますね。例えば，

$\boxed{1}$ 「$x^2 - bx + c = 0$ の 2 解を α, β とするとき $\alpha + \beta = b, \alpha\beta = c$ であることを示せ。」という問いに対し，「解と係数の関係より成り立つ」と答える。

$\boxed{2}$ 「$a > 0, b > 0, c > 0$ のとき $\dfrac{a+b+c}{3} \geqq \sqrt[3]{abc}$

であることを示せ。」という問いに対し，「相加平均と相乗平均の関係 (相加相乗平均の不等式) より成り立つ。」

のように答えてもだめですね。それで，よくあるのは

$\boxed{1}$ の場合は「え? 解と係数の関係は試験で用いたらだめなの?」
$\boxed{2}$ の場合は「え? 相加相乗平均の不等式は試験で用いたらだめなの? 」

なんて思ってしまうってことなんですね。

るい: ダメな理由は $\boxed{1}$ の場合は「解と係数の説明が問われている問題だから」，$\boxed{2}$ の場合は「相加相乗平均の不等式が成り立つ理由が問われている問題だから」っていうことですよね。

幸一: でも，校長先生，$\boxed{1}$ のような問題って出ますかねぇ?

発飛校長: そうですねぇ。似たようなよくある例としては，大問の (1) が次のようになっているものです。

【問題 12 - 2 】
(1) $A = \begin{pmatrix} a & b \\ c & d \end{pmatrix}$ のとき $A^2 - (a+d)A + (ad-bc)E = O$ となることを示せ。ただし，$E = \begin{pmatrix} 1 & 0 \\ 0 & 1 \end{pmatrix}$ である。

これに対して，

> ケーリー・ハミルトンの定理より $A^2 - (a+d)A + (ad-bc)E = O$ が成り立つ。

と書いて，1 点ももらえません。その結果，この答案を書いた人は

「試験でケーリー・ハミルトンの定理は使ってはいけないんだ」

などと思ってしまうこともあるのです。

るい： はい，1 点ももらえない理由は，この問題はほとんど「ケーリー・ハミルトンの定理を示せ」といっているような問題であるのに「ケーリー・ハミルトンの定理が成り立つから」と答えたからですよね。

発飛校長： そうです。でも，それがわからない人は，「試験で教科書にないケーリー・ハミルトンの定理を使ったから」などと思ってしまうのですね。

[発飛校長は書棚から資料を探しました。]

発飛校長： 例えば，これを見てください。

【問題 12 - 3】

2 次の正方行列 $A = \begin{pmatrix} a & 1 \\ c & d \end{pmatrix}$ に対して，以下の問いに答えよ。ただし，a, c, d は実数，E は単位行列 $\begin{pmatrix} 1 & 0 \\ 0 & 1 \end{pmatrix}$ を表す。

(1)　$A^2 = (a+d)A - (ad-c)E$ が成り立つことを示せ。

(2)　$A^3 = E$ であるとき，c および d を a を用いて表せ。

(3)　$A^4 = E$ かつ $A^2 \neq E$ であるとき，c および d を a を用いて表せ。

(お茶の水女子大・解答は p.149)

れい： この (1) のことですね。

発飛校長： はい。この問題は $A = \begin{pmatrix} a & 1 \\ c & d \end{pmatrix}$ であり，$A = \begin{pmatrix} a & b \\ c & d \end{pmatrix}$ ではないのですが，(1) はほとんど「ケーリー・ハミルトンの定理がなぜ成り立つのかを

示せ。」と問う問題と考えられます。ですから, この問題の場合, 答案を「ケーリー・ハミルトンの定理より…」と書き始めるのは危険なんです。

しかし, この指摘を正しく理解しない人は,「ケーリー・ハミルトンの定理は教科書にないから使ってはだめなんだ」と思ってしまうんですね。これではせっかく, 有用な知識を持っているのに宝の持ち腐れになってしまいます。

幸一:「教科書にないから使ってはいけない」という, 何か悪いことをしているような感覚で答案を書いているから, 間違ったときに「教科書にないことを使ったから」と思ってしまうってことか。でも, 教科書にないこと使っていいのかなぁ。

発飛校長: 一般に教科書にないから使ってはだめという厳格な基準はありません。でも, だからと言って, 教科書にないことを無制限に使ってよいわけでもありません。

るい: まあ, そうでしょうけど。

石原: 校長先生, では教科書にないことで普段私達が平気で使っている事実って何かあるのですか?

発飛校長: うーん, 例えば, 3次方程式の解と係数の関係はそうですよ。

幸一: 校長先生, 確かに3次方程式の解と係数の関係は教科書には載っていませんが, 2次方程式の解と係数の関係から楽に類推できるのではないですか?

発飛校長: 本当はそうです。そして,「3次方程式の解と係数の関係は2次方程式の解と係数の関係がわかれば, その応用としてわかるはず」という人も多くいます。

幸一: その通りじゃないですか?

発飛校長: 実は, 今の教科書では「2次方程式の解と係数の関係」の後で「因数定理」を学習するので, 2次方程式の解と係数の関係は2次方程式の解を一度求めてから証明しているのです。つまり $ax^2+bx+c=0\ (a \neq 0)$ の2解の和が $-\dfrac{b}{a}$ になる理由は一度解の公式を使って
$$x = \dfrac{-b \pm \sqrt{b^2-4ac}}{2a}$$
を求めてから,
$$(2\,解の和) = \dfrac{-b+\sqrt{b^2-4ac}}{2a} + \dfrac{-b-\sqrt{b^2-4ac}}{2a} = -\dfrac{b}{a}$$

のように説明しているのですよ。もしも 3 次方程式の解と係数の関係がこの考えの延長にあるというのなら 3 次方程式 $ax^3+bx^2+cx+d=0$ の和は 3 次方程式の解を一度求めてから足さなくてはならないということになります。

幸一: 求めるんですか?

発飛校長: 3 次方程式には解の公式がありますが, それを用いると大変です。本来, 解と係数の関係は「方程式の解がわからなくても解の和, 積であればわかる」ところがよいのですが, 教科書ではそのよいところが伝わりません。

るい: ふぅーん。

発飛校長: ですから, 本当に「教科書通りの理解」をしている人には 3 次方程式の解と係数の関係は導けないでしょう。

幸一: なるほど。

発飛校長: まあ, 入試の出題者側はそんな事情を知る人も少ないですから,「2 次方程式の解と係数の関係がわかるのなら 3 次方程式の解と係数の関係もわかるはず」と考えて出題するのですがね。

れい: 3 次方程式の解と係数の関係なんて普通に出てるし …。

発飛校長: みなさんは, あまり「教科書にある」とか「教科書にない」とかについて神経質になりすぎない方がよいでしょう。それよりも,【問題 12 - 3】のような問題が出た場合に,「このケースはケーリー・ハミルトンの定理は使えない」という判断ができることの方が大切です。「教科書にある」とか「教科書にない」とかではなく証明になっているかどうかがきちんと判断できることの方が大切ですね。

幸一: わかりました。合同式は表現の簡略化の範囲なら大丈夫なのですね。

[話は終わりかけたと思われましたが, 最後に校長先生は一言付け加えました。]

発飛校長: うーん。ただし, 若干危ないケースもあります。それは, 大学の先生の多くは普段は高校数学に触れていませんので中には偏った見方をする人もいないとは言えません。過去には次のようなことが実際にありました。

まず, ある国立大学の後期試験で次の問題が出題されました。

【問題 12 − 4】

極限値 $\displaystyle\lim_{n\to\infty}\int_0^{\frac{\pi}{2}} \frac{\sin^2 nx}{1+x}\,dx$ を求めよ。

(解答は p.152)

　一見すると，よくある「普通」の問題ですが，この問題の採点において次のようなやりとりがなされたそうです。ここで，この問題を出題した大学の先生はこの大学の数学科の中でも年配の人で，発言力の大きい人であったといいます。この人を A とし，まわりにいた他の数学科の先生を B, C としましょう。(B, C 以外にもその場には数人いました。)

****

A: ん？ みんな勝手に文字を決めつけて解いているな。

B: どうしたのですか？

A: ん，いやなに，みんな n を自然数だと決めつけておる。

B: あ，この問題の n ですね。え？ 自然数じゃないのですか？

A: どこに n が「自然数」だと書いているんじゃ! 何も書いていない場合は「実数」だと決まっておる。

　[まわりの他の先生達は一瞬固まりました。]

C: A 先生，それは無理がありますよ。n という文字を使ったら受験生は「n は自然数だ」と思ってしまいますよ。

B: A 先生，それにこのような問題は他大学でもよく出題されていて，そのような問題はすべて n は自然数です。

A: 出題したワシが n は実数のつもりで出したんじゃ。

B: それなら n でなくて他の文字を用いた方が親切だったのではないでしょうか？

C: それに，逆に「n は実数である」とも書いていないじゃないですか。

　[この先生達の発言に A 先生はブチ切れてしまいました。]

A: うるさーい。うるさーい。みんな黙れ! ワシは n は実数のつもりで出したんじゃ! 問題を出題したワシが「n は実数」と言ったら実数なんじゃー。

****

発飛校長: 結局, この大学では n は実数として採点されたそうです。

幸一: ということは「n ってあったら n は実数だと思え。」ということか。

るい: 幸一! 何幸せなこと言ってるのよ。校長先生の言いたいのは, 大学の先生の中にもときどき変わった人がいるってことじゃないの?

発飛校長: そうです。そのような不幸な出来事もありうるのです。これ以外にも, 答案の中でさほど重要なことではないのに「○○より」と書かないだけで大幅に減点するなどいろいろありましたよ。そのような特異な例はあるものの, その特異な例に振り回されないことも大切ですよ。

幸一: はい。

発飛校長: 話は元に戻りますが, 福山君が答案に書いた合同式も「余りの表現を簡潔に書いている」分には問題はありませんから間違わずに上手に使ってください。ただ, 合同式を用いた「高級」な定理を使うのは控えたほうがよいと思いますがね。

幸一: わかりました。もう少しで宝の持ち腐れになるところでした。ありがとうございました。(今回は自信がついたぞ。)

★　　　　　　★

みんなは校長室を出て教室に帰ったところで, 5 時間目開始のチャイムが鳴りました。

第 13 話　証先生倒れる

****
この章は次の問題を解いてから読むと楽しめます。解答は本文の中にあります。

【問題 13－1 】
次の問いに答えよ。

(1) ベクトル $\begin{pmatrix} 3 \\ 2 \end{pmatrix}$ に垂直で点 $(4,1)$ を通る直線の方程式を求めよ。

(2) 不等式 $y \leqq \sqrt{1-x^2}$ の表す領域を図示せよ。

(3) 次の 2 つの関数のグラフが $x=0$ で接しているものはどれか。

   (i) $y = x^2 - 2x$ と $y = -2x$
   (ii) $y = -x^2$ と $y = |x|$
   (iii) $y = x^3 + 3x$ と $y = 3x$

(4) a を実数とする。このとき，
$$2a+1 < 2x-1 < 6a-3$$
であれば，
$$-2a-2 < 2x-4 < a+7$$
であるような a の範囲を求めよ。

****

★　　　　　★

　すでに 10 月に入り，幸福高校の 3 年 1 組の生徒達は少しずつ受験を意識してきたものの，幸せな解答を書いている生徒まだまだ多く，それが証先生の心配の種になっていました。

　10 月中旬のある夜の職員室です。ほとんどの先生達はすでに帰宅し，その場には証先生を含め数人の先生しか残っていません。最近の証先生は毎日夜遅くまで残って生徒達の答案を添削していましたが，そこに帰りがけの数学科主任の頑光(がんこう)先生が話しかけました。

★　　　　　　★

頑光先生: 証先生,毎晩遅くまで残業ですね。

証先生: ええ,今年は幸せな生徒が多いので。

頑光先生: それで,毎日のように一人一人の答案を見て添削指導をしてるのですな。

証先生: そうなんです。今年の場合は,特に注意したことが浸透しないんです。これまでに注意してきたことはどの生徒にとっても大切なことなのですが,自分には関係ないと思っている「幸せな人」が多いのです。

頑光先生: そういう生徒達は,一度痛い目にあわないとわからんのですな。

証先生: そうなんです。でも,痛い目と言っても実際に入試に落ちてわかるのはまずいですし,…

頑光先生: そういう生徒達は毎年結構いますな。さんざんこちらから「これではまずいんだ」と忠告しているのに,自分自身で「たいしたことではない」と勝手に解釈して,その結果,入試に失敗して,「自分は進学できないんだ」とか「自分には行き先がないんだ」という状況を目の当たりにした時点で初めて「忠告を聞いておけばよかった」と後悔する生徒がね。

証先生: はい。ですから,そうならないようにこれからは少し厳しく接してみようと思っているんです。

★　　　　　　★

翌朝になりました。最近,証先生は朝礼が終わってから1時間目の始まる前に小テストを実施するようにしています。

今朝も小テストを行い,教室を見回っていました。そして,幸一君の席の前で止まり答案を覗いていました。このとき,幸一君は次のような問題で手が止まっていました。

【問題 13 - 2】
　t がすべての正の数をとるとき,xy 平面上の円
$$x^2 + (y-t)^2 = t$$
が通過する範囲を求めよ。

小テストが終了しました。1時間目が始まるまでの5分休憩の時間に証先生は幸一君を呼びました。

★　　　　　　　★

証先生: 福山君。今のテストで，【問題 13 – 2】のところで手が止まっていましたよね。

幸一: はい。

証先生: 福山君，この問題は円の方程式を t で整理して，
$$t^2 - (2y+1)t + x^2 + y^2 = 0$$
とし，この後でこれを t の 2 次方程式とみなし，これが正の解をもつ条件を求めればよいというのを忘れたのですか?

幸一: え? 知っていますよ。

証先生: ではなぜ手が止まっていたのですか?

幸一: だって，先生，いつも言っているじゃないですか? 解法だけ覚えていたってだめだって。どうして，その解法で求められるのかをきちんと考えなさいって。だから，どうして t の 2 次方程式とみればよいのかを考えていたんです。

[証先生は幸一君の返答を聞いて一瞬クラッと目まいがしました。その後で証先生は少し語気を荒くして言いました。]

証先生: 福山君! 確かにそのようなことは言ったことはあります。そして，そのことは大変重要なことなんです。しかし，そのようなことはテスト中ではなくて普段やっておくことなんです!

[幸一君は，いつもより厳しい証先生の言葉に圧倒された様子でしょんぼりしました。]

幸一: はーい (\)。わかりました。

★　　　　　　　★

このようなことがあったので，幸一君は午前の授業の間は尾を引いていたようです。そして，【問題 13 – 2】 がなぜ t の 2 次方程式とみて解くことができるのかも悩んでいました。

そのような幸一君の姿を見ていた謎の女子高生が幸一君にメールを送りました。謎

の女子高生は幸一君が知らないメールアドレス (セカンドアドレス) を使っていました。

◆◇◆◇◆◇◆◇◆◇◆◇◆◇◆◇◆◇◆◇◆◇◆◇◆◇◆◇

　幸一君, 朝のテストで悩んでいたことがわかりましたか?
　この円を C_t としましょう。例えば, 「ある点 (a,b) が C_t の通過範囲にある」とは, t にいろいろな正の数を代入してできる「C_t 達」の中で少なくとも 1 つは点 (a,b) を通るものがあるということなんです。逆に, すべての「C_t 達」に通ることを「拒否」された点は C_t の通過範囲にはないということになるのです。
　ところで, 「円 C_t が点 (a,b) を通る」とは 「$a^2+(b-t)^2=t$ が成り立つ」ことですから, 「点 (a,b) を通る C_t が存在する」とは「$a^2+(b-t)^2=t$ を満たす正の数 t が存在する」ということになります。
　というわけで, この式を t で整理した t の 2 次方程式

$$t^2 - (2b+1)t + a^2 + b^2 = 0$$

が正の解をもつような a, b の条件を求めることが C_t の通過範囲に含まれるための a, b の必要十分条件を求めることになり, 結果 C_t の通過範囲を求めることになるのですよ。

◆◇◆◇◆◇◆◇◆◇◆◇◆◇◆◇◆◇◆◇◆◇◆◇◆◇◆◇

　幸一君は, ずいぶんと長いメールだなあと思ったあと, このメールアドレスは自分の知らないものであることに気がつきました。そして, これはいつものように証先生が高校生の振りをして自分に教えてくれているんだと考えました。そして,
「証先生, このメールを打つのに何分かかったんだろう。そうだ, たまには, 証先生にお礼を言いに行こう」
と思って, 職員室に行くことにしました。

★　　　　　★

　そのころ, 証先生は職員室で今朝の小テストの採点をしていました。

★　　　　　★

証先生: ふう。とりあえず全員の採点は終わったと。うん。やっぱりこのくらいやさしい数学のテストなら満点は何人かいるわね。でも, これでもまだできない生徒達もいるし, ⋯

　　[後ろから発飛校長が話しかけてきました。]

発飛校長: 証先生, 昼休みくらいゆっくり休んだらどうですか。最近頑張りすぎじゃないですか。

証先生: あら, 校長先生。職員室に御用ですか。いいえ, まだまだやらなくては。今年の生徒達はいつもよりのんきなんですよ。

発飛校長: 教頭と 2 年生の学年主任に話があってちょっと来たんですよ。では, お仕事の邪魔でしょうから。

[校長先生は 2 年生の学年主任の方に行きました。再び証先生は生徒達の答案を点検し始めました。]

証先生: あら, これは福山君の答案ね。

[証先生は福山君の答案を取り上げじっと見ていました。証先生は一瞬ボーっとし, そのことに夏目先生が気がつきました。]

夏目先生: 証先生どうかしましたか。難しい顔をして。顔色が悪いようですが。

証先生: いいえ, なんでもないですよ。ご心配してくれてありがとうございます。ちょっと生徒の答案を見て考え事をしていたのです。

[証先生はもう一度幸一君の答案を見ました。]

証先生: (福山君。先ほどは厳しく言ったけど, あなたの学習姿勢は決して悪くはないのよ。でも, 成績が伸びるまでにはもう少し時間がかかるわね。成績が伸び始めるまで頑張り続けなさいね。福山君。···)

★　　　　★

証先生がそう思った直後のことです。

バタン!

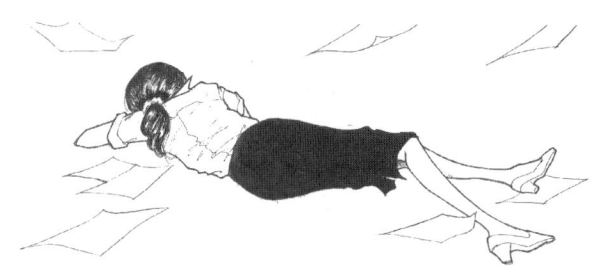

証先生は急に職員室で倒れこみました。職員室は騒然となってその場にいた先生達が駆け寄ってきました。

★　　　　　　★

夏目先生: 証先生! 証先生!

[教頭と話をしていた校長先生も近づいてきて]

発飛校長: 証先生大丈夫ですか。

証先生: (やっと出た声で) あ, 校長先生 …

発飛校長: これはだめです。だれかすぐに救急車を呼んでください。

[ちょうどそのとき, 幸一君は職員室に入ってきました。幸一君は証先生に異変が起きたことはすぐにわかりました。]

幸一: え? 証先生, どうしたんですか?

[職員室には, 保健室の松本先生, 体育の中村先生も来ていました。中村先生は幸一君に話しました。]

中村先生: 証先生は倒れてしまったんだ。

[幸一君の顔は真っ蒼になりました。]

幸一: 僕のせいかも ……

★　　　　　　★

　証先生は意識はあるものの, 極度の疲労のせいか自力で立ち上がることはできず保健室の松本先生に付き添われて品川区の旗の台にある平成大学病院に運ばれました。

　このような場合, 6時間目の3年1組の授業は自習となるのが普通ですが, 証先生が採点済みの答案を早く返してあげてほしいとの願いから代わりの先生が教室に行くことになりました。当初, 数学の先生であった校長が代役をしようかという話でしたが, 校長には病院から証先生の容態について連絡が入るかもしれないということで数学科主任の頑光先生が代わりに3年1組にやってきました。

　6時間目の授業が始まります。教室に頑光先生が入ってきましたが, まだ教室はざわついていました。

★　　　　　　★

頑光先生: さきほど証先生が倒れたので、しばらくは私が証先生の代講をすることになった。

幸一: げー。証先生とは別の意味で緊張する。

頑光先生: 私語は慎め。そこの女の子, 机が曲がっている。

日浦: あっ, はい。すいません。

頑光先生: そこの男, ひじをついて授業を受けるな。

月島: は, はい。すいません。

今成: (なんで, 女は「女の子」で男は「男」なんだよ。やな感じ。)

[教室は緊迫し静かになりました。]

頑光先生: では授業を始める。まず最初にな, お前達の学力がどの程度なものかを試させてもらうぞ。

[そう言って頑光先生はプリントを配りました。プリントには【問題 13 − 1】が書いてありました。生徒達はいつもより緊張して問題を解いており, 頑光先生は教室の中を巡回していました。ふと木島君のノートを覗くと, そこには (1) の答として,

$$3(x-4)+2(y-1)$$

と書いてありました。]

頑光先生: おい, そこの君! (1) は直線の方程式をきいているのに, $3(x-4)+2(y-1)$ とは何だ。

木島: え? 間違っているんですか? あとは, これを展開して整理して, 直線の方程式を,

$$3x+2y-14$$

と変形して答えればいいんじゃないですか?

頑光先生: 「$3x+2y-14$」がどうして直線の方程式なんだ?

木島: ???

[木島君は頑光先生の言っている意味がよくわからないようです。そこで, 頑光

　　　　先生は黒板の前まで行き, 今度は教室にいる全員に聞こえるように説明を始め
　　　　ました。]

頑光先生: いいかみんな。「$3x+2y-14$」は直線の方程式ではない。「$3x+2y-14=0$」
　　　　が直線の方程式なんだぞ。

木島: (小声で) なんだ。「$=0$」がないだけじゃん。

頑光先生: いいか。「$=0$」がないだけなどと思うなよ。

　　　　[木島君はぶすっとしています。]

頑光先生: そもそもな, 図形を表す方程式とはなんだ?

水上: そんなの知らないわ。答が出せればいいのよ。

　　　　[頑光先生があきれた顔をしかけたとき, 幸一君がつぶやきました。]

幸一: たしか, xy 平面上の図形を表す方程式っていうのは, 図形上の任意の点を (x,y)
　　　とおいたときの x と y の関係式じゃなかったっけ?

　　　　[これを聞いて, 頑光先生は少しだけ穏やかな顔になりました。]

頑光先生: おっ, そうだ。もっとしっかりと言うと, xy 平面上の図形 D の方程式が
　　　　$f(x,y)=0$ であるとは,

$$\begin{pmatrix} 点\ (x,y)\ は図形\ D\ 上の点 \\ である \end{pmatrix} \iff \begin{pmatrix} x\ と\ y\ は\ f(x,y)=0\ を満 \\ たす \end{pmatrix}$$

　　　　となるような $f(x,y)=0$ のことだ。例えばだな, 原点と点 $(1,1)$ 通る直線の方
　　　　程式がなぜ $y=x$ であるかというと···

　　　　[このとき, 今成君がさえぎって言いました。]

今成: そんなの傾きが 1 で y 切片が 0 からに決まっているじゃん。

頑光先生: それは, この直線の方程式の立て方だ。いいか, 私が今言った定義にした
　　　　がってみろ。

　　　　[今度はるいさんが答えます。]

るい: ええと, この直線を l とすると, l 上の点は $(1,1)$, $(2,2)$, $(3,3)$ のようにすべ
　　　て x 座標と y 座標が等しい。つまり, この l の点を (x,y) とおくと, すべて
　　　「$y=x$」を満たす。

逆に, $y = x$ を満たすような点 (x, y) は l にあり, l 上以外にはない.
こんな感じですよね.

頑光先生: そうだ, つまりな, 方程式 $y = x$ とは,

$$(y 座標)=(x 座標)$$

という条件を表しているのだ.
　では, 話を戻すぞ. 先ほど, 私が「$3x + 2y - 14$」は直線の方程式ではない,「$3x + 2y - 14 = 0$」が直線の方程式だと言った. つまり,「$3x + 2y - 14$」は,

$$3 \times (x 座標) + 2 \times (y 座標) - 14$$

を表しているにすぎなく, これは「条件」ではない.

幸一: x 座標を 3 倍して y 座標を 2 倍して, そこから 14 を引いて, それが何だっていう感じですね.

頑光先生: まあ, そうだ. それに対し,「$3x + 2y - 14 = 0$」は,

$$3 \times (x 座標) + 2 \times (y 座標) - 14 = 0 \tag{13.1}$$

となって, x 座標と y 座標の条件になるのだ. つまり, 直線 $3x + 2y - 14 = 0$ とは,「式 (13.1) を満たす (x, y) 全体」ということになって, 意味がある.

[木島君と水上さんはぶすっとしています. それを見て, 頑光先生は木島君と水上さんの方を向かって言いました.]

頑光先生: お前達いいのか. 数学上の約束, つまり定義をしっかりと理解していないで数学はできないのだぞ.

[今成君はつぶやきました.]

今成: 大丈夫だよ. そこまでしなくても.

[今成君は小声で言ったつもりでしたが, 少しだけ頑光先生に聞こえて]

頑光先生: おい, そこのツンツン坊主! 定義は数学の中では大切なのだぞ.

今成: (ツンツン坊主って俺のことか?)

幸一: 証先生が以前,「数学というのは, 定義の上に構築されている」とか言っていたのを覚えているなあ.

頑光先生: そうだな. 定義には逆らってはならん. では, (2) はどうだ.

[頑光先生は,【問題 13 − 1】の (2) の問題を指しました.]

幸一: 境界の $y=\sqrt{1-x^2}$ ってどうやって描けばいいんだっけ?

るい: 幸一, そんなことも忘れたの!

幸一: あ, ああ, 思い出した。両辺を 2 乗すればよかったんだよな。両辺を 2 乗すると,
$$y^2 = 1 - x^2$$
だから, これを変形して,
$$x^2 + y^2 = 1$$
だから円だ!

[今成君が興奮気味です。]

今成: おいおい。この時期にその解答かい。両辺を 2 乗すると元の式と同値ではなくなるだろーよ。

るい: そうよ。証先生が「図形と式の範囲は同値変形が非常に重要だ」って言っていたでしょ。「軌跡の問題なんて, 重要なことの半分は同値変形できるかどうかだって」ね。

[幸一君は, 証先生が倒れたことを思い出したこともあって少し凹みました。]

幸一: う, うんそうだったね。

今成: ん? 今日の福山元気ないな。じゃあ, 教えてやるよ。
$$y = \sqrt{1-x^2} \iff (y^2 = 1 - x^2 \text{ かつ } y \geqq 0)$$
$$\iff (x^2 + y^2 = 1 \text{ かつ } y \geqq 0)$$
ってやるんだよ!

幸一: ありがとう。

[頑光先生は今度は水上さんを指しました。]

頑光先生: そこの君! やってみろ。

水上: (小声でぶつぶつと) わかったわよ。

[水上さんは黒板の出て右のような図を描きました。]

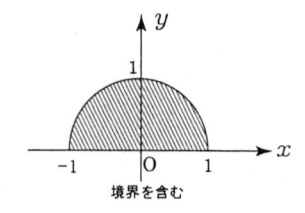

頑光先生: ほほぉー。何で，そのようになるのかな。

水上: ええっ? これじゃだめなんですか。何でですか?

[水上さんは逆に聞き返しました。]

頑光先生: 例えばだ。君の解答では点 $(0, -1)$ は含まれていない。

水上: わかりませーん。なんで，点 $(0, -1)$ も入るのですか?

頑光先生: いいか,「不等式 $y \leqq \sqrt{1-x^2}$ の表す図形を図示すること」とは,「不等式 $y \leqq f(x)$ を満たす x, y を座標とする点 (x, y) をすべて図示すること」なんだぞ。そのルールに従えばいいだけだ。$(x, y) = (0, -1)$ は $y \leqq \sqrt{1-x^2}$ を満たしているだろ!

るい: ええと, $-1 \leqq \sqrt{1-0^2}$ だから確かに $(x, y) = (0, -1)$ は $y \leqq \sqrt{1-x^2}$ を満たすわ。

水上: (ブスッとして) はーい。

頑光: いいか, 定義にしたがって行動するんだぞ。各自の勝手に判断して, 勝手に決めてはならん!

[そう言って, 頑光先生は $y \leqq \sqrt{1-x^2}$ を黒板に図示しました。]

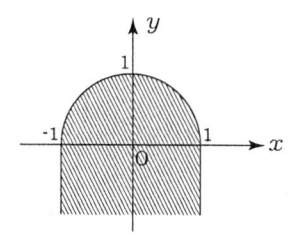

[今度は火野さんがぶつぶつ言いました。]

火野: 定義定義っていうけどさ, なんか勝手よね。一方的にこれが定義だって言われたってさ。私, あまり人の言うことに従うの好きじゃないし。

日浦: (小声で) さすが, 火野さん, お高い性格だわ。

[3 年 1 組の生徒達は頑光先生に対して反抗的です。そして, 今の火野さんの発言が一部頑光先生の耳に届いたようです。]

頑光先生: なんだと。定義には「そう定義される理由」があるのだぞ。例えば, $0! = 1$ であるがこれはなぜこう定義されるかわかるか?

[頑光先生は, 火野さんでなく, るいさんの方に向かって言いました。]

るい: (急にふられて驚いて) えっ, わ, わかりません。

頑光先生: $_nC_k$ を階乗記号を使って書くと
$$_nC_k = \frac{n!}{k!(n-k)!}$$
であったよな。ところで, n 個の異なるものから n 個を選ぶ方法は何通りだ。

るい: え, それは 1 通りです。

頑光先生: そうだ。だから $_nC_n = 1$ であるから
$$\frac{n!}{n!(n-n)!} = 1 \quad つまり \quad \frac{n!}{n!0!} = 1$$
となってほしい, だから $0! = 1$ と決めるのだ。数学では

「○○と決めるとうまくいく」あるいは「○○であってほしい」
だから「○○と決める (定義する)」

とすることはよくあることだ。

幸一: ふぅーん。

頑光先生: では, (3) の問題にうつろう。

今成: こんなの絵を描けばすぐわかるじゃん。

頑光先生: ほぉー。ではどれだい。

今成: こんな簡単な問題, 他の人に聞いてください。僕のプライドが許せません。

頑光先生: ふぅ。そうかい。まあ, いいだろう。後で他の問題を君に聞くからな。じゃあ, 後ろの君はどうだい。

[頑光先生は月島君を当てました。]

月島: え? 僕ですか?

頑光先生: おう, そうだ。

[そう言って頑光先生は黒板に (i), (ii), (iii) の図を描きました。]

(i) $y = x^2 - 2x$, $y = -2x$

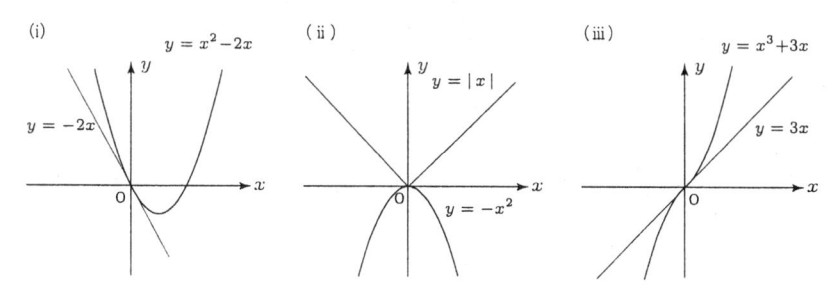

(ii) $y = |x|$, $y = -x^2$

(iii) $y = x^3 + 3x$, $y = 3x$

月島: ええと, (i) は接していて, (ii) も $x = 0$ で触れているよね. (iii) は通過しているからだめか. だから (i) と (ii) です.

頑光先生: 残念ながら違うんだよ.

今成: (え? マジ?)

頑光先生: 君は 2 曲線 $y = f(x), y = g(x)$ が $x = a$ で接することの定義を知っているか?

月島: えーと. 特に….

頑光先生: この 2 曲線が $x = a$ で接しているとは
右の図のようになるから, まず,

 (i) $x = a$ で 2 曲線上の点の「y 座標が等しい」

だろ.

月島: はい. でも, それだけじゃあ, 接しないこともありますけど.

頑光先生: そうだ. これに,

 (ii) $x = a$ における「接線の傾きが等しい」

があって初めて接した図になるよな.

月島: はい.

頑光先生: 理解できたか. それでだな,

 (i) を式で表すと $f(a) = g(a)$
 (ii) を式で表すと $f'(a) = g'(a)$

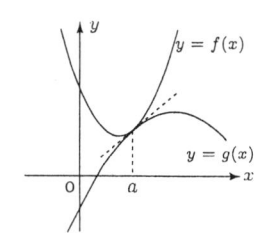

となるだろう。それで，数学ではこれを接することの<u>定義</u>にするんだ。つまり，

> **【2 曲線が接することの定義】**
> 2 曲線 $y = f(x)$, $y = g(x)$ は y 軸に平行な接線をもたないとする。このとき，この 2 曲線が $x = a$ で接するとは
> $$f(a) = g(a) \text{ かつ } f'(a) = g'(a) \qquad (13.2)$$
> が成り立つことをいう。

一度，これを接することの定義に決めてしまった以上，今後は 2 曲線が接するかどうかはこの定義によって判断するんだ。たとえ，「接するように見えなくても条件 (13.2) が満たされていれば『接する』という」逆に，「接すると思えても条件 (13.2) が満たされていなければ『接する』とは言わない」

ということだぞ。いいか。

月島: はい。

頑光先生: では，【問題 13 - 1】の (3) の答はどれだ。

月島: (i) は接しますよね。(ii) は

今成: (接しているじゃん)

幸一: 定義にあてはめると $f'(a) = g'(a)$ が成り立たないよね。だって，$y = |x|$ は $x = 0$ で微分可能ではないから。だから (ii) は不可。

頑光先生: その通りだ。では (iii) はどうだ。

今成: (通過しているやつなんて普通接しているっていうかよ。)

幸一: これは，$f(x) = x^3 + 3x$, $g(x) = 3x$ とおくと，
$$f(0) = 0, g(0) = 0 \text{ であるから } f(0) = g(0) \text{ は成り立つ。}$$
それから，
$$f'(x) = 3x^2 + 3, \quad g'(x) = 3$$
であるから，$f'(0) = g'(0)$ が成り立つ。だから (13.2) は満たされているので $y = x^3 + 3x$ と $y = 3x$ は $x = 0$ で接している。
日常はこれは接していないというかもしれないけど，数学では接しているという。こんな感じかな。

謎の女子高生: (今日はすごいね。実は今成君よりも数学に向いているかもしれないわ。)

頑光先生: その通りだ。だから接しているのは (i) と (iii) ということになる。

今成: (なんかつまらねー。俺は俺のやり方を変えないからいいけどよ。)

頑光先生: では (4) にいこう。これなら結構難しいぞ。そこのツンツン坊主。どうだ。

今成: わかりましたよ。解きますよ。

ええと, まず,
$$2a+1 < 2x-1 < 6a-3 \quad \cdots\cdots ①$$
$$-2a-2 < 2x-4 < a+7 \quad \cdots\cdots ②$$
とおく。① が解をもつのは, $2a+1 < 6a-3$ のときだから, これを解いて
$$a > 1 \quad \cdots\cdots ③$$
以下, ③ を満たす範囲で考える。

次に, ① を解くと
$$a+1 < x < 3a-1 \quad \cdots\cdots ①'$$
② を解くと
$$-a+1 < x < \frac{a+11}{2} \quad \cdots\cdots ②'$$
となる。①' を満たすものがすべて ②' を満たすということは, 数直線が次のようになるということだから

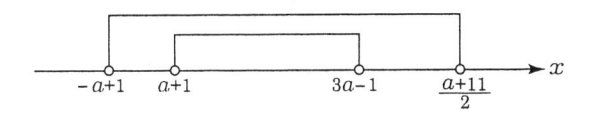

$$-a+1 \leqq a+1 \quad かつ \quad 3a-1 \leqq \frac{a+11}{2}$$
これを解いて,
$$0 \leqq a \leqq \frac{13}{5} \quad \cdots\cdots ④$$
したがって, ③ かつ ④ より求める a の範囲は
$$1 < a \leqq \frac{13}{5}$$
である。

こんなもんでしょ。簡単すぎ。

頑光先生: おい, ツンツン。

今成: おれは「ツンツン」じゃないってのに。今成指数人っていうの!

頑光先生: すまん。ナルシスト。

今成: じゃなくて!「い・ま・な・る」です!!

頑光先生: すまん。今成。「$P(x)$ ならば $Q(x)$」($P(x), Q(x)$ は x についての条件) が正しいということがどういうことか知っているか。

今成: $P(x)$ を満たす x はすべて $Q(x)$ を満たすということでしょ。

頑光先生: まあそうだが, では $P(x)$ を満たさない x についてはどうだ。

今成: …

頑光先生: $P(x)$ を満たさない x については, $Q(x)$ を満たしていても $Q(x)$ を満たしていなくてもどちらでもいいんだ。

例えば,「$x>3$ ならば $x>1$」が正しいことは知っているだろ。これは,

$x>3$ を満たす x はすべて $x>1$ を満たしている。
$x \leqq 3$ である x は
$x=2$ のように $x>1$ を満たしているもの
$x=0$ のように $x>1$ を満たしていないもの

がある。つまり, $x>3$ を満たしていないときは $x>1$ を満たしていてもいなくてもどちらでもよい。

このようなことから, 数学では「$P(x)$ ならば $Q(x)$」が真であるとは次のように定義するんだぞ。

【$P(x)$ ならば $Q(x)$ の定義】

$P(x), Q(x)$ を x についての条件とする。このとき,「$P(x)$ ならば $Q(x)$」であるとは, すべての x について

(i) $P(x)$ と $Q(x)$ をともに満たす。
(ii) $P(x)$ を満たさない。

のどちらかがいえることである。

るい: えー。わかりにくいわ。

頑光先生: まあ, 確かにわかりにくくなったかもしれん。これは, こう考えておくとよいぞ。

x は条件 $P(x)$ を満たすか満たさないかのどちらかだ。
そこで,

- x が $P(x)$ を満たしている場合は, 必ず $Q(x)$ を満たさなければならない
- x が $P(x)$ を満たさない場合は, $Q(x)$ を満たしていても満たさなくてもよい

これがいえればよいということだ。
　もしも, 「$P(x)$ ならば $Q(x)$」が誤りというのではあれば,
　「$P(x)$ を満たすのに $Q(x)$ を満たさない」
という x を少なくとも 1 つ見つけ出さなければならない。

今成: で, それと今の問題と関係あるんですか?

頑光先生: 大いにある。まずな, ツンツン。お前は ① を満たす x が存在する条件として

$$2a+1 < 6a-3 \quad \text{を解いて} \quad a > 1$$

を求めた。

今成: ① を満たす x がすべて ② を満たすからね。

頑光先生: 確かに。では, $a \leqq 1$ の場合はどうなる?

今成: $a \leqq 1$ だと ① を満たす x ってないじゃん。

頑光先生: そうだ, どの x も ① は満たさない。これは, どの x も定義の (ii) の場合であるということにならないか。

幸一: つまり, 「$P(x)$ ならば $Q(x)$」って, $P(x)$ を満たす x が 1 個もない場合って $Q(x)$ によらずつねに正しいってことですよね。だって, そのルール (定義) によると「どの x も (ii) があてはまる」ということだから。

頑光先生: そうだ。

幸一: なんか, ちょっとだけわかってきた。例えば, 先生。x を実数とするとき
$$x < -1 \text{ ならば } x < -5 \text{ である}$$
は誤り。なぜなら, $x = -2$ は $x < -1$ を満たすのに $x < -5$ を満たさないから。でも
$$x^2 < -1 \text{ ならば } x^2 < -5 \text{ である}$$
は正しい。なぜなら, $x^2 < -1$ を満たす実数 x は 1 つもないから。

頑光先生: その通りだ。

今成: よくわかんねー。そのルール。勝手に決められたってさ。

頑光先生: 今成, 数学というのは決められた定義にきちんと従えるかということが大切なんだぞ。もちろん, その定義は無茶苦茶な決め方をすることはない。しかし, 一度決められた以上は, その定義に従って考えることができることが大切なんだ。逆に定義を知らないで数学を解くことは,「その国の法律を知らないで外国旅行をするようなもの」で大変危険なのだぞ。

るい: そうか。ある国では路上で唾を「ペッ」とすると捕まるものね。また, ある国では「だれかに危ない薬をかばんの中に入れられてそれが見つかっただけで死刑になる」こともあるし。そこで, 知らなかったじゃすまされないものね。

頑光先生: そうだ。法律を遵守するという姿勢にも似ている。だから, 数学ができる人は嫌味なやつはいても法を犯す悪いやつはいないのだ。はっはっは。

日浦: (なんか, 自分がいい人って言っているような感じね。)

るい: 先生, 結局 (3) の答は何なんですか？

頑光先生: それは, ① を満たす x が存在しない場合である $a \leqq 1$ は可。$a > 1$ の場合は先ほどの ④ との共通部分を考えればよい。したがって, 最終的な答は
$$a \leqq \frac{13}{5}$$
である。

(ふぅー。今日はワシが喋りすぎてしまったな。はははは。)

[頑光先生は少し気をよくしたようです。それを見て幸一君が先生に問いかけました。]

幸一: 先生! なんで 0! = 1 なんですか？

頑光先生: だから定義だ! 約束だ!

幸一: 先生! なんで $a > 0, n$ は自然数のとき $a^{\frac{1}{n}} = \sqrt[n]{a}$ なんですか?

頑光先生: それも定義だ! 約束だ!

幸一: 先生! なんで素数には 1 を入れないんですか?

頑光先生: それも定義だ! 約束だ!

幸一: 先生! 先生は家で奥さんに対してもそんなに頑固なんですか?

頑光先生: だから約束だ。結婚するときの! ん? 何を言わせる。

れい: (笑)

るい: (おかしいけど声に出せないね。)

★　　　　★

頑光先生は証先生から預かった答案を返却し授業が終わりました。そのテストはクラスに満点が積君, 今成君を含めて 5 人いるもので幸一君は 82 点でした。幸一君は今成君に負けて大変悔しかったようです。

放課後, 幸一君とるいさんは一緒に玄関を出て帰ろうとしていました。ちょうどそのとき音楽室からピアノの音が流れてきました。

★　　　　★

幸一: いつも, 聞こえるこのピアノの音色だけど, 今日は寂しそうに聞こえるね。

るい: あ, あれね。あれ石原さんが弾いているのよ。

幸一: え? そうなの。

るい: 幸一, 知らなかったの。石原さんもうすぐコンクールに出るのよ。でも, そんな時期に証先生が倒れてしまって …

幸一: うん, 影響ありありって感じだね。石原さんも気の毒だよ。

[二人の後ろから, れいさんが走って追いかけてきました。追いついたところで二人に話しかけました。]

れい: さっき保健室の松本先生から聞いたけど, 証先生, 数日入院することになったみたい。

幸一: え? やっぱりそうなんだ。(＼)

るい: 心配ね。過労が原因だっていうけど。

れい: しばらくは頑固, じゃなかった頑光先生が代わりに授業に来るって。

幸一: ガーン。ショック! 証先生早く復帰してほしいな。

るい: まあ, しばらく辛抱よ。

れい: 私は, 証先生だけでなくクラスのみんなも心配だわ。

　　　　　　　　　★　　　　　　★

　幸一君は二人とコンビニ「ポーソン」のある角で別れ, 寂しそうに家に帰って行きました。

第 14 話　短期的学習と長期的学習

****

　一言に数学の学習法といっても，入門者のためのもの，一度基礎を学習した人がより難しい問題が解けるようになるためのものなど学習段階に応じて種類があります。さらに，それぞれの種類の中でも目的が短期に成果が要求されるテスト対策のようなものであるか，永く使っていくためのものなのかによっても異なります。

　今回は高校数学の学習を「短期的学習」と「長期的学習」に分け，それぞれの長所，短所について触れてみましょう。

****

　証先生が過労で倒れて数日が経過しました。3 年 1 組の数学の授業は引き続き頑光先生が担当していますが，証先生との教え方のギャップが大きいため，3 年 1 組の生徒達はなかなか馴染めずにいます。幸一君もいつもより緊張しているため少しずつ疲れがたまっているのですが，それに負けずに毎日夜遅くまで勉強をしているので，いつもより 30 分遅く起きてしまいました。

　幸一君は自宅の 2 階の自分の部屋であわてて着替えています。

★　　　　　★

お母さん (福山幸): こーいちー。朝ごはんできてるわよー。

幸一: 今日は, 朝食なんて食べている暇ないよ。もう, 走っていかないと遅刻しそうだし。朝食食べられないで, チョーショック (朝食) なんてね。

　　　[階段を下りて玄関に行って]

　　　じゃあ, 行ってきます。

★　　　　　★

　幸一君は朝礼の始まる少し前に教室に着きましたが，そのときはかなりお腹はすいていました。この様子に石原さんはすぐに気がつきました。

★　　　　　★

石原: 幸一君, かなり息が荒いけど大丈夫?

幸一: うん。遅刻しそうだったんで走ってきたから。それに何も食べてこなかったし。

石原: 1, 2 時間目は体育だけど大丈夫なの? お腹がすいているとつらいんじゃない?

[このとき，今成君が教室の後ろに手のつけられていないコンビニ弁当があることに気がつきました。誰かが昨日食べずに忘れたままその場に置かれていたようです。]

今成: あれ? 教室の後ろにあるコンビニ弁当だれのだ? 誰のでもなければ，あれ食べてしのげよ。

れい: 以前は弁当を食べずに一日放置されるなんてことはなかったのに，証先生がいなくなってから教室が殺伐としてきたわ。

幸一: (少し大きい声で教室中に聞こえるように) これだれの弁当?

るい: ねえ，幸一。この弁当，昨日のでしょ。食べたら危ないわよ。

幸一: 大丈夫，大丈夫。1日くらい前のものなら大丈夫だよ。

水上: まあ，福山君の胃袋なら大丈夫かもね。

月島: (ボソっと) 幸一，水上さんの胃はラーメン2杯と餃子とチャーハンを平らげる胃だから，同じレベルで考えると危険だぞ。

石原: ⋯

★ ★

るいさんや月島君の心配はよそに，幸一君は一気に弁当を平らげました。

1時間目の授業が始まりました。1時間目は中村先生の体育の授業で，生徒達はトラックを10周するように言われていました。走りながら今成君が幸一君に話しかけてきました。

★ ★

今成: なぁ，福山。この前の試験の問題で最後のやつ解けたか?

幸一: どんな問題だったっけ?

今成: 忘れたのか? こんなやつだよ。(今成君は口頭で次の問題を伝えました。)

【問題 14 − 1】
x, y が3つの不等式 $x+y \geqq 1, 3x-y \leqq 11, 3x-5y \geqq -5$ を同時に満たすとき，$x+2y$ の最大値および最小値を求めよ。

幸一: ああ, そんな問題だった。思い出したよ。これよくわかんないうちに試験時間が終わってさ。

今成: だめだなー。これはな, まず3つの不等式の表す部分の図を描く。この部分を D としよう。そして, 直線 $x+2y=k$ と D が共有点をもつ条件を調べる。こんな感じだ。
　ちなみに最大値は13で最小値は -1 だけどな。

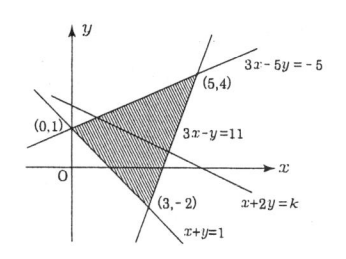

幸一: うーん。でもさ, x と y の関数 $x+2y$ の最大値を求める問題なのになんで図形 D と直線 $x+2y=k$ が共有点をもつ条件で出るんだよ。

今成: おい, 福山。そんなことはどうでもいいんだよ。

幸一: だって, 僕はいつもそこで悩むんだよ。あんまりさ, 自分で納得していないものは使いたくなくてさ。

今成: そんなこと言っていたら, 数学の勉強一生終わんないぜ。まあ, それが俺とおまえの数学の点の差になっているというわけだが。

[遠くから中村先生の声が聞こえます。]

中村先生: おーい。今成と福山。ぶつぶつ喋りながら走るんじゃないぞ。お前達一番遅いぞ。

今成: やべぇ。じゃ, 続きはまた後だな。

★　　　　★

　昼休みに幸一君と今成君が話の続きをしています。この時点で, 幸一君は朝食べたもののせいか容態が少しずつ悪くなっていました。

★　　　　★

幸一: じゃあさ, 次のような問題の場合も同じように考えるといいってこと?

[幸一君は次のような問題を差し出しました。]

【問題 14 − 2 】
　x, y が実数で，$x^2 + y^2 = 10$ を満たすとき，$3x + y$ の最大値および最小値を求めよ。

今成: そうだ。何も考えずに $3x + y = k$ とおく。これと円が共有点をもつ条件を求める。

幸一: それでなんで答が出るのかわからないけど。

今成: だから，どーでもいいんだよ。そんなこと。

幸一: どうでもいいか…

　[近くで「謎の女子高生」が見ていました。]

謎の女子高生: (… 幸一 …)

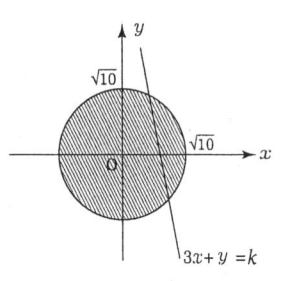

幸一: じゃあさ，直線 $3x + y = k$ の式を $y = -3x + k$ とおいて $x^2 + y^2 = 10$ に代入して整理すると

$$10x^2 - 6kx + k^2 - 10 = 0$$

となる。これが実数解をもつことが円と直線が共有点をもつことだから，

$$\frac{D}{4} = 9k^2 - 10(k^2 - 10) \geqq 0$$

$$\therefore \quad k^2 \leqq 100$$

$$\therefore \quad -10 \leqq k \leqq 10$$

したがって，$3x + y$ の最大値は 10 で，最小値は -10 である。

今成: おお，少し俺に近づいたな。ただ，円と直線が共有点をもつ条件は一般的には「点と直線の距離の公式」を使った方が簡単だということを覚えておいた方がいいぞ。

　つまり，円 $x^2 + y^2 = 10$ と直線 $3x + y - k = 0$ が共有点をもつ条件は円の中心と直線までの距離が円の半径以下ということだから，

$$\frac{|3 \cdot 0 + 0 - k|}{\sqrt{3^2 + 1^2}} \leqq \sqrt{10}$$

$$\therefore \quad \frac{|k|}{\sqrt{10}} \leqq \sqrt{10}$$

$$\therefore \quad |k| \leqq 10$$
$$\therefore \quad -10 \leqq k \leqq 10$$

となるから、$3x + y$ の最大値は 10 で、最小値は -10 とやった方が簡単だけどな。はははは。

謎の女子高生: (幸一! この問題を解くだけなら $x^2 + y^2 = 10$ より $x = \sqrt{10}\cos\theta$, $y = \sqrt{10}\sin\theta$ とおいて

$$3x + y = 3\sqrt{10}\cos\theta + \sqrt{10}\sin\theta = 10\sin(\theta + \alpha)$$

ただし、α は $\cos\alpha = \dfrac{1}{\sqrt{10}}$, $\sin\alpha = \dfrac{3}{\sqrt{10}}$

として、$-1 \leqq \sin(\theta + \alpha) \leqq 1$ より $3x + y$ の最大値は 10, 最小値は -10 のように解く方法もあるのよ。この方法も忘れないでね。)

幸一: うーん。よくわかんないけど、解けるってことはうれしいな。僕も、今成君のように解法をどんどん覚えていこうかな。一つずつ理解していながら進むと遅いし。

謎の女子高生: (幸一! それって危険よ。)

幸一: 痛たた。お腹が痛くなってきた。やばい、問題に熱中しすぎてトイレに行くの忘れてた。大丈夫かな。この時間終わるまでもつかな。

★　　　　★

　昼休みが終わり 5 時間目開始のチャイムが鳴りました。5 時間目は物理の授業です。

　少したって物理の湯川先生が黒板で説明しているときに、幸一君の容態がさらに悪くなってきました。

★　　　　★

るい: (小声で) 幸一! どうしたの。顔色が悪いわよ。

幸一: 痛たたた…。

るい: やっぱり、昨日のコンビニ弁当を食べたからだわ。

幸一: うううぅぅ。

るい: 幸一! まずいって。我慢はよくないから。早くトイレに行きなよ。

石原: 先生! 福山君の様子が変です!

幸一: (もう我慢の限界だ!) すいません。先生。お腹が痛いのでトイレに行ってよいですか?

湯川先生: ん? 行ってきたら。

★　　　　★

　幸一君は教室から飛び出し、全速力でトイレに向かいました。ところが一番近くにあるトイレは清掃中で使えませんでした。気が動転した幸一君は階段を登ってトイレを探し始めました。このとき、最初に目に入ったのは「職員トイレ」の看板でしたが、「緊急だから仕方ない」と考え 職員トイレに飛び込み、中の個室に入り、間一髪で間に合いました。

★　　　　★

幸一: ふぅー。何とか間に合った。やっぱり食中毒かな。全部出したらすっきりした。さあて、職員トイレに入っているのを見つかったら怒られるから早く退散しよっと。

[そのとき、職員トイレに誰か入ってきました。]

幸一: 誰だろう。やばいな。今出るといろいろと誤解されるかもしれない。

[その後で、もう一人別の先生が入ってきました。二人の先生は話し始めたので、幸一君には二人が頑光先生と発飛校長であることはすぐにわかりました。]

発飛校長: まだまだ暑いですね。

頑光先生: ええ、それなのに休みなく生徒に指導していたから証先生も倒れたのでしょうな。

発飛校長: そうかもしれませんね。しかし、昨日お見舞いに行った松本先生の話では、今は証先生の容態は安定し、かなり回復してきたようです。もしかすると、今日、明日には退院できるかもしれないと聞いています。

頑光先生: 証先生は 3 年 1 組が気になっているでしょうな。

発飛校長: 電話で話したときはかなり気にしていましたね。特に要領は悪いが生真面目な福山君のことを心配していましたよ。

幸一: (ドキッ)

頑光先生: どういうふうにですか?

発飛校長: 彼は, 数学の学習する姿勢は正しい方向を向いているのですが, なかなか結果が出ていない。一方で,「よくわからないけど解法を覚えればなんとかなる」という生徒が結果を出している。

頑光先生: 同じクラスの今成のことですかな。まあ, 現時点ではあの 2 人の学力は試験の点数では大きな差がありますな。

発飛校長: そのようですね。ところがその今成君の学習方法は「短期的学習方法」であって「長期的学習方法」ではないですね。

頑光先生: まあ, そうですかな。

発飛校長: 確かに, 短期のうちに学習成果をあげようと考えると,「公式の丸暗記」,「解法の丸暗記」,「解法の意味はよくわからないがこういう問題はこう解く方式」(手順暗記型) の学習がよいこともありますね。例えば, 試験が 1 週間後に

せまって何か手を打たなければならない場合には効果的であるでしょう。ところが, この学習法では, 瞬間的に学力はついた気にはなりますが, 積み重ねができません。これが, この学習法の大きな弱点なんですね。

頑光先生: つまりよくわからないから, とにかく手続きだけを覚えてしまえというのは, 短期的な学習にはよいかもしれないが長期的には向かないということですかな。はて, この時期の生徒の学習はまだ「長期的な学習」のはずであるべきですが。

発飛校長: そうです。

頑光先生: では, その「長期的な学習」に必要なものとはなんでしょう。

発飛校長: はい。「長期的な学習」の場合は「要領」よりも, 「学習態度」, 「学習姿勢」, 「数学に対する考え方」がその結果に大きな影響を与えます。わからない問題に出会ったとき, 「わからないから覚えるしかない」などという「諦め」とも言える態度は長期的な学習の中では「原則」としてやってはならないのです。また, よく理解していないものをとりあえず使用法だけを覚え, 簡単な問題が解けてできた気になるような幸せな状態で満足するような姿勢も長期的な学習には「原則」としてやってはならないことなのですね。

頑光先生: なぜ「原則」と断っているのですかな。

発飛校長: 理想は「すべてを理解して進む」ですが, 高校数学には一部ですが, 細部まで理解しようとすると高校数学を超えた内容が必要になることもあるからです。これは数学 III に多いですね。また, 今言った理想どおりだと負担が大きすぎることもありますし。でも理想は理想として知っておくべきですね。

頑光先生: なるほど。そうですな。

発飛校長: それから, 「学習姿勢」の中で特に大切なものがあります。

頑光先生: それは何ですかな。

発飛校長: 人の話を聞こうという姿勢です。
　自分はこの方法でわかるからいいやといって, 自分の方法に固執し情報を収集しようとしない (例えば, 授業で説明する方法, 参考書で説明されている事項を学習しようとしない) という態度は極端に言うと身を滅ぼします。

頑光先生: 確かに。私も「$3 \times (-4)$ は必ず ( ) をつけろ」「$3 \times (-4)$ を『3×-4』とか『$3 \cdot -4$』などと書くな」と言っていますが, 一向に聞く耳をもたない生徒がいます。それから, 「ベクトルの内積は『$\vec{a} \cdot \vec{b}$』のように必ず『$\cdot$』をつけろ」と言っていますが, 頑固に無視し続けて「$\vec{a}\vec{b}$」と書く生徒もいますからな。また, 「$\vec{a} \cdot (\vec{b} + \vec{c})$」を「$\vec{a}(\vec{b} + \vec{c})$」と書くなど, $(\vec{b} + \vec{c})$ のように ( ) でくくってあれば内積の「$\cdot$」はいらないと勝手に決め付けているものも多くいますな。

発飛校長: ほほぉっ。そうですか。

頑光先生: はい。前者の場合は $3 \times (-4)$ を $3 \cdot -4$ と書いているうちに $3 - 4$ となって自己破滅を起こすものがいるし, 内積を「$\vec{a}\vec{b}$」のように「$\cdot$」をつけない生徒は数の掛け算と混同して,

$$(\vec{a} \cdot \vec{b})\vec{c} = (\vec{b} \cdot \vec{c})\vec{a} \quad (\leftarrow 誤り!)$$

とか,

$$(\vec{x} - \vec{a}) \cdot (\vec{x} - \vec{b}) = 0 \text{ のとき } \vec{x} = \vec{a} \text{ または } \vec{b} \quad (\leftarrow 誤り!)$$

などの誤りを何度もくり返しす進歩のない人が多くいますな。そのような生徒に注意をすると

「本番では気をつけます」とか, 「試験のときはちゃんと書きます」

などという返事をするんですよ。

発飛校長: 実際, そのような生徒は試験で修正していますか?

頑光先生: していません。(笑)

発飛校長: (笑いながら) やっぱりそうですか。それよりももっと大きな失態として次のようなものがあります。

ベクトルの学習をしているときに次のような問題を解くことになったとします。

【問題 14 - 3】
　三角形 ABC において BC の中点を M, AC を $2 : 1$ に内分する点を N とおく。AM と BN の交点を P とおくとき, 比 AP : PM を求めよ。

発飛校長: これを「ベクトルの学習の教材」として出されたとき，参考書や授業では次のように解かれます。

P は AM 上にあるから
$$\overrightarrow{AP} = s\overrightarrow{AM} = \frac{s}{2}\overrightarrow{AB} + \frac{s}{2}\overrightarrow{AC}$$
P は BN 上にあるから
$$\overrightarrow{AP} = (1-t)\overrightarrow{AB} + t\overrightarrow{AN} = (1-t)\overrightarrow{AB} + \frac{2}{3}t\overrightarrow{AC}$$
とおいて，$\overrightarrow{AB}, \overrightarrow{AC}$ が 1 次独立 (互いに平行でなく，どちらも $\vec{0}$ ではない) であるから，それぞれの $\overrightarrow{AB}, \overrightarrow{AC}$ の係数を比較して，
$$\frac{s}{2} = 1-t, \quad \frac{s}{2} = \frac{2}{3}t$$
これを解いて
$$s = \frac{4}{5}, \quad t = \frac{3}{5}$$
ここから，
$$AP:PM = s:1-s = \frac{4}{5}:\frac{1}{5}$$
$$= 4:1$$

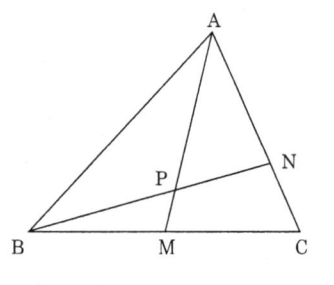

発飛校長: ところが，これをある生徒は「メネラウスの定理を使えば簡単!」であることに気がつき，
$$\frac{AN}{NC} \cdot \frac{CB}{BM} \cdot \frac{MP}{PA} = 1$$
より，
$$\frac{2}{1} \cdot \frac{2}{1} \cdot \frac{MP}{PA} = 1 \quad \therefore \quad AP:PM = 4:1$$
のように解いた。それで，この生徒は「自分の解法の方が優れている」と思い，ベクトルのこの部分を勉強せずにいてしまった。後で，同様な空間図形の問題になった場合に (メネラウスの定理では) 全く歯が立たずにベクトルがわからなくなってしまった。

このような例があったのですよ。

頑光先生: 「メネラウスの定理を使って解いてみよう」自体は悪いことではないが，

自分の方法でできたことに安心して相手の説明を聞かなかった点に失敗があるということですな。

発飛校長: その通りです。「メネラウスの定理を用いて考えたこと」自体は少しも悪くはないですね。

頑光先生: 私も数学 III の分野ですが，次のようなことがありました。まず，問題は次のようなものです。

【問題 14 – 4】
関数 $y = \dfrac{x^2}{x-1}$ のグラフの漸近線で x を限りなく大きくするときグラフ上の点が限りなく近づくものを求めよ。

私は，この問題で漸近線の求め方の一般的なものを教えたかった，つまり，そのような授業を構成していたわけです。したがって，

$$\lim_{x \to \infty} \frac{y}{x} = \lim_{x \to \infty} \frac{x}{x-1} = 1, \qquad \lim_{x \to \infty}(y - x) = \lim_{x \to \infty} \frac{x}{x-1} = 1$$

より，漸近線 $y = x + 1$ を求めたわけです。

しかし，ある生徒は

$$\frac{x^2}{x-1} = x + 1 + \frac{1}{x-1}$$

と変形し，$\lim_{x \to \infty} \dfrac{1}{x-1} = 0$ より $y = \dfrac{x^2}{x-1}$ は $x \to \infty$ のとき $y = x + 1$ に限りなく近づく。

としたのですな。もちろん，この解法が悪いわけではないですが，このときこの生徒は「自分の解法の方が簡単で優れている」と思って，私の漸近線の説明を一切聞かず，その後で $y = \sqrt{x^2 + 1}$ の漸近線を求めるような問題が出たときにできなくなってしまったということもありましたな。

発飛校長: 授業を受ける場合も，参考書等で勉強する場合も，「これでできるからいいや」ではなく「これでもできるけど，ここで説明された解法はどのようなものか」という姿勢が大切で，いかに人の話に耳を傾けるかが学習姿勢として重要であるということですね。

頑光先生: 「長期的な学習」というのはこのような学習姿勢がうまくいくかどうか

を分けることになるのですな。

発飛校長: 話を元に戻しますが，3 年 1 組の福山君は，証先生の話では「長期的な学習」に必要な「数学の考え方・取り組み方」および「学習姿勢」はしっかりしているので，そのうち伸びてくるだろうということでしたよ。むしろ今成君の成績が落ちてこないかを心配していましたね。このままで行くと福山君は 11 月～12 月ころには今成君を数学の成績で抜くだろうと。福山君には期待できるとね。

幸一: (ジーンと感動し，頭の中で)
　　　証先生，今まで僕のことをさんざん「幸せな人」と言っていたから，もう証先生は僕のことを見捨てたと思っていたけど，そこまで考えてくれていたのか。うれしい。

頑光先生: 私も数回 3 年 1 組で授業をしましたが，福山についてはそのような感触でしたな。それよりも人の話をあまり聞かない今成の今後がやはり心配ですがな。

発飛校長: やはりそう感じますか。ただ，証先生の話では福山君には一つ足りないものがあるようです。

幸一: (頭の中で) え？ 何だろう？

頑光先生: ほおーっ。それは何ですかな？

発飛校長: 自立心です。

幸一: 自立心？

頑光先生: と言いますと？

発飛校長: 福山君は自分の勉強をすべて証先生に頼っているようで，証先生の教えはしっかりと吸収しているようです。が，しかし，逆に教えたことしかわかっていないようなんですよ。

頑光先生: なるほど，高校 3 年生ともなれば多少のことは自分で解決しなければなりませんからな。

発飛校長: それもありますが，そもそも勉強というのはいつまでも「教えられたことしかわからない」では困るのです。必要なことがあれば自分で書物，ネットなどで調べるなど自ら情報を収集するための行動を起こし，独力で未知の内容を理解しようという姿勢が求められるのです。

頑光先生: それが福山には欠けているというのですな。

発飛校長: そうです。証先生は福山君に自立心をつけさせようとして, 最近は福山君を突き放すような態度で接していたそうですが, 今回は, その途中で入院してしまったので福山君が腐ってはいないかと大変気にしていましたな。

[幸一君はトイレの中で涙ぐんでいました。]

幸一: そうだったのですか。先生。僕は大丈夫です。自立心ですね。

発飛校長: まあ, 私達もこれからの福山君を見守っていきましょう。

頑光先生: そうですな。ふぅー。今日は私達がちょっと長く喋りすぎましたかな。

発飛校長: しかもトイレの中で!

頑光先生, 発飛校長: はっはっはっはっは。

[二人の先生はにこやかにトイレの外に出て行きました。]

幸一: やっと終わった。でも, いい話を聞けたな。元気が出てきたよ。今は, まだ遠いかもしれないけど最後には今成君には負けないぞ! 証先生, 見ていて下さい!

★　　　　★

　幸一君はトイレを出て, 教室に戻りました。戻ってまもなく5時間目が終わり幸一君はまわりの生徒達と話し始めました。

★　　　　★

石原: 福山君, おなかはもう大丈夫?

幸一: うん! もう完璧! ばっちりだよ。

今成: 頭の方もばっちりか?

幸一: あ, それを言われるとつらいなあ。じゃあ, 僕は微分の復習でもしようかなぁ。

今成: 福山, お前の場合は数学IIの整関数の微分からやり直した方がいいぞ。

石原: また, 今成君って余計なことを…。福山君気にしないでね。

[そのとき, 珍しく積君も話に加わってきました。]

積: 今成君, 今, 「整関数」って言ってたね。それ使い方違うよ。

今成: ん? なんだよいきなり。どこが変なんだよ?

積: 君, 今,「整関数」を多項式で表される関数, つまり n 次関数の意味で「整関数」って言っていなかった?

今成: おう。そうだ。

積:「整関数」というのは正式な数学用語で,「複素平面全体で正則, すなわち微分可能な関数」を指すんだよ。例えば, z を複素数として,
$$f(z) = a_n z^n + a_{n-1} z^{n-1} + \cdots + a_1 z + a_0 \quad \text{(係数は複素数)}$$
はもちろんのこと, $f(z) = \sin z$ や $f(z) = \cos z$ も「整関数」って言うんだよ。

今成: そんなの知るかよ。だって, 参考書とかにも数 II の微分のことを「整関数の微分」と書いてあるのだってあるぜ。本によっては, タイトルに「整関数」って書いてあるのもあるけどな。

積: それは, その参考書を書いている人が勉強不足なだけ。今, 参考書なんて誰でも書ける時代だし。出版社によっては監修者だけ有名な先生の名前を借りておいて実際に書く人は別というものもあるくらいだから。
　僕は,

1 名前のついてないものに名前をつけるのは自由
　(例: 予選決勝法, はさみうちの原理, 方向角など (これらは受験用語))

2 すでに, 名前のついているものであっても, それに別の呼び方を与えるのも自由
　(例: 多項式を整式とも呼ぶ)

だと思う。でも, すでに意味を持っている言葉を別の意味で勝手に使うのは誤解を招き混乱させるからやめてほしいんだ。

るい: ええっと, それって, 例えば, 小学生くらいに

「すべての整数は 1 の倍数だから, 数『1』は, すべての整数の素になっているので『素数』と呼ぼう」

と勝手に呼んでそれを教えているのと同じかしらね。

積: その通り。でも確か「複素数」という名前の由来はそれに近いんだよ。複素数というのは, 1 という単位 (素) の実数倍の実数と i という単位 (素) の実数倍の純虚数の和であることから「複素数」と呼ばれるようになったのでね。

月島: へぇー。積君ってどうしてそんなに博学なの?

[今成君はつまらなそうな顔をしています。]

積: 別に,博学ではないよ。話を元に戻すけど,るいさんの例えの中の小学生は中学生になってから「素数」という用語を本来の意味で使われているのを聞いてきっと混乱するよね。だからよくないんだよ。まあ,「素数」を知っている人は小学生にそんなこと教えないけどね。

るい: 教えられた小学生がかわいそうだわ。

積: だから,「整関数」の本来の定義を知っている人は決して多項式で表される関数を「整関数」なんて呼ばないんだ。呼ぶ人間はそれを知らない無知で幸せな人間なんだよ。僕は,そういう人は他にも用語を間違って使っていると思うよ。

れい: (今日の積君どうしたの? いつもより言いすぎって感じだけど。証先生がいなくなってから教室の雰囲気が悪くなっているのでその変でやめて!)

[今成君は少しずつムッとして,教室は険悪なムードになってきました。そのような気配に気づくことなく幸一君は質問しました。]

幸一: ねえねえ,積君。同じようなものってあるの?

積: 例えば,「三角不等式」もそうかなあ。本来,数学では「三角不等式」は,

$$|a+b| \leqq |a|+|b| \quad (a, b は実数,または複素数)$$

とか,

$$|\vec{a}+\vec{b}| \leqq |\vec{a}|+|\vec{b}|$$

を指す。ところが,数学 II で三角関数を含む方程式で $\sin 2x + \cos x = 1$ のようなものを「三角方程式」などというので,同じように三角関数を含む不等式を「三角不等式」なんて呼んでいる本もあるよ。これもやめてほしいけど。

今成: 悪かったな。俺,それも呼んでるよ。

[積君は普段は口数が少ないのですが,間違ったことには黙っていられなくなることがよくあります。他の人にはさんざん威張り散らす今成君ですが,積君にはかなわないことは自覚しているらしく,相当に悔しい思いをしました。

今日は今成君がボコボコにされ,教室はますます重苦しい雰囲気に包まれていきました。

　　　　　このとき, 6時間目開始のチャイムはすでになっていましたが, この時点でみんなは初めて6時間目が始まっていることに気がつきました。]

るい: あーあ。今まで数学は結構楽しかったのに, あの頑光先生が来てから雰囲気変わったなあ。教室も重苦しくなってきたし。

れい: そうね, いつもは楽しい数学の時間なのに, 頑光先生が代講することになってからちょっと雰囲気が変わったよね。

日浦: うん。はっきり変わった。あの頑固先生 (頑光先生) 一度言い出したら引かないし, それに当てられて説教されると思うとちょっと緊張するし。数学の時間がやたらと長く感じられるようになったよ。

るい: ところで, 頑光先生来るの, ちょっと遅くない? もう, 5分は経っているよ。だれか呼びに行かなくていいの。

木島: いいんだよ。遅れてくる方が悪いんだから。

るい: でも, …授業忘れているかもしれないでしょ。

　　　[そのとき, 教室の扉が開きました。教室のみんなは目を丸くしました。教室に入ってきたのは頑光先生ではなく, 証先生だったからです。]

証先生: 皆さん, 急にいなくなってごめんなさい。

幸一: (驚いて) え? 先生? もう大丈夫なんですか?

れい: 先生, 無理してないですか?

証先生: 大丈夫ですよ。皆さんのことが心配でちょっと早めに戻ってきました。

　　　[しかし, 証先生はまだ完全には回復していないようでした。]

るい: 先生, もう無理しないでください。私達はある程度自分のことは自分でできますから。

証先生: 本当ですか? それなら試験をしてみてその結果で信用しますよ (笑)。さあ, 授業を始めます! いつまでも幸せな人ではだめですからね。また, 頑張りましょう。

幸一: (先生, 自立心ですね。見ていてください。これから僕, 変わりますから。)

　　　　　　　★　　　　　　　★

　3年1組は今まで通りの雰囲気に戻りました。

第 15 話 「知らないこと」と「わからないこと」

****

　例えば，英語の学習で試験中に知らない単語が出てきた場合，一般的にはいくら考えても無駄でしょう[4]。また，歴史の学習においてもある事実を覚えていなければ，たいていの場合はわからないままでしょう。このように数学以外の教科，学問においては「知らないこと」がそのまま「わからないこと」であったりします。

　それでは，このようなことは数学の場合もあてはまるのでしょうか？ 例えば，3倍角の公式なんて「知らない」から $\sin 3\theta$ を $\sin\theta$ で表す方法は「わからない」となるものなのでしょうか？

****

　今成君はこれまで積君が数学がよくできることは知っていました。しかし，自分と積君の学力には大きな差はない，むしろ試験では自分の方が要領がよいので上ではないかと思っていました。しかし，この前に「整関数」の件で力の差をはっきりと見せつけられたので，積君がどのくらいできるかが気になってきました。そこで，放課後に別の用事があるように見せかけて証先生に積君の数学の力がどのくらいあるのかを探りに行きました。

　一方，この時期にもう一人気持ちが不安定になっている人がいました。それはるいさんです。れいさんの方はマイペースで勉強をし，少々のことでは動揺しない性格なのですが，双子であっても姉のるいさんは意外に気が弱い面もあります。そして，自分の成績によって気持ちがぐらつきやすく，勉強に手がつかなくなることも最近ではよくあります。最近は教科書の復習をすべきなのか，基本レベルの問題集を数多く解いた方がよいのか，それとも難しい問題にとり組んだ方がよいのかを悩んでいたので，学校の帰りに駅ビルの本屋[5]に立ち寄って数学の学習法の本を探すことにしました。

★　　　　　★

　(駅ビルの本屋で)

るい：うーん。合格体験記とかにもいろいろあるなぁ。言っていることどうしも違いがあるし。

　　[このとき，偶然同じ本屋にいた幸一君が近寄ってきました。]

---

[4] もちろん，類似語や文脈から推測できる場合もあります。
[5] 以前，教育実習生の岩田君に出会った本屋。(第7話参照)

幸一: あれー。るい，何しているの?

るい: あっ，幸一じゃない。今ね，これから何をすべきかを考えていたのよ。それで何か勉強法を教えてくれるような本がないかと。

幸一: 勉強法ね。僕はあまりそんなこと考えていなかったなぁ。

[そのとき，幸一君に声をかけてくる女子大生がいました。それは，以前，幸一君がお世話になった福田幸子[6]さんです。]

福田: あっ，こんにちは。以前の男の子ね。あの後受験勉強の方は順調ですか?

幸一: あ，以前の幸福高校の先輩の方ですね。僕，福山幸一っていうんです。また，勉強で困っていて，特にとなりの彼女 (るいを指す) とか。

るい: 幸一，この人と知り合いなの? あ，私，福川るいっていいます。幸福高校の先輩なんですか?

福田: はい，私は，福田幸子といいます。思い出すなぁ，去年の今頃は私もこの先ものすごく不安でね。

るい: で，大丈夫だったんですか? 私，今何やっていいのかよくわからなくなってきたんです。

福田: あっそうなの。じゃあ2人とも駅の外のファミレスの「ジョニーズ」に言って話しませんか。

★　　　★

3人は移動し，「ジョニーズ」の中に入っていきました。このジョニーズは第7話で岩田君と話をした場所です。

★　　　★

福田: それで，るいさんは何をしていたのですか。

るい: 最近，私，何をやってよいのかわからなくなって。何かよい学習法がないかとか。さっきは合格体験記を読んでいました。

福田: 合格体験記はね，もちろん参考になることもあるけど，ちょっと注意がいるのよ。

---
[6]第 7 話参照

幸一: え, どんな?

福田: たいていの人は合格体験記は合格した直後に書くのね。で, その中には合格した喜びに舞い上がっているものもあって, 決して悪意ではないんだけど「頑張ればできる」タイプとその逆の「自分は勉強しないでも受かった」というプチ自慢タイプのものがあるのね。諦めてはいけないと言うのはよいとして,

「12月までほとんど数学ができなかった」でも受かった
「模試の判定でEばかりだった」でも受かった

という稀な例を強調するものもあるので注意がいるの。

るい: ということは, 書いてあることはうそもあるのですか?

福田: それはわからないわ。たぶん本当のことが多いのでしょうが, おそらく稀な例を強調することもあるので, 「E判定でもうかるのだから何もしなくてよい」などと油断してはいけないと思うのね。最後の最後になって「E判定でも受かった人がいるんだから自分も頑張ろう」というのはよいとしても。

幸一: ふぅーん。

福田: それに, その人がうまくいったからってあなたがうまくいくとは限らないの。福川さんは今まで試験でよい成績だったことはないのですか?

るい: 何回かはありますけど。すごーくよいというわけではないですけど。

福田: それなら, 不用意に学習法を変えるのはよくないと思うわ。今までやってきたペースを守り未消化の問題集をまず確実に終わらせるべきね。最悪なのは, いろいろな問題集にちょっとずつ手を出して, 何一つ完全にやりとげないことなのよ。

るい: はい。

福田: それに多くの問題集を最初からやるとき, 最初に扱う問題というのはどの問題集も似ているから, いろいろな問題集に手を出した場合, いつも同じような問題ばかり解かされるのね。

るい: でも, 問題を解いていてわからない問題が出てきたときはあせるんですけど。「あ, まだこんなこともわかっていなかったんだ」なんて思うたびに不安になってきて。

福田: 勉強の進め方にはいろいろあるのよ。まず, 学習進度を次の2つのタイプに分けるね。

> タイプ A: 基本事項の理解度が半分以下
> (例) ベクトルの内積がわからない。
> 　　　微分の計算ができない。
> 　　　3次方程式の解と係数を知らない。
> タイプ B: 基本事項はある程度知っている

> それで, タイプ A の場合は, 教科書, 参考書を最初からやり直す方が効率的だけど, タイプ B の方になるととりあえず問題集を解いていて, 知らない事実がでてきたらその部分を復習する方が効率がよいのよ。

福田: 私達のとき, 証先生が言っていたけど「問題集を解いていて, わからない問題がでてきたときに, 解けないことに『焦る』よりももっと大切なことがある。それは, 次に同じような問題が出てきたらどのようにしたらこの問題が解けるようになるかを考えることだ」ってね。

幸一: あっ, それ今でも証先生は言ってますよ。(笑)

福田: (笑) そうなの。つまり, 問題集の使い方で今後の成績は決まるってことなのね。どの問題集を選ぶかってことはもちろん大切なんだけど, それと同じくらい, またはそれ以上にその問題集をどのように使うかということは大切なことよね。次に同じ問題が出てきたら…っていうのは,

- 何に気がついていたらこのような解法をしようと思うだろうか
- どのような事実を予備知識として知っていないと解けなかったか

などをつねに考えた上で (わからなかった) 問題を終わらせるってことなのよ。

るい: はい。

福田: 勉強はある意味,「不変・不動が原則」だから頻繁にやり方を変えない方がいいと思うわ。特に今まで成績がよかったことがあるならなおさら。

★　　　★

3人の話はまだまだ終わらずにこの後しばらく続きました。

ちょうどそのころ, 今成君は証先生と話をするために職員室にいました。

★　　　　　★

今成: あ, 証先生, あのっすねぇ。なんていうか…

証先生: どうしたの, 今成君。

今成: いや, え, うちのクラスのこと聞いていいっすか。

証先生: 何でしょう？

今成: うちのクラスの積が数学ができるってのは前からわかってたけど, あいつは単なる数学オタクですよね。

証先生: オタクというのが適切かどうかはわかりませんが, 数学に関してはすべての面でかなりできますね。

今成: え？ そうなんですか。

証先生: 私はここ数年高3クラスばかり担当していますが, 彼が1年のとき担当の数学の先生が倒れて1ヶ月ほど授業をもつことになったのです。その時点で彼は数学II, Bまではほぼ終わっていて数学IIIを学習していました。

今成: …

証先生: あるとき, 彼は弧度法で中心角を表した場合の扇形の面積の公式を知らなかったようなんですね。例えば, $OA = OB = r$, $\angle AOB = \theta \text{(rad)}$ である扇形の面積の公式を知らなかったようなんです。

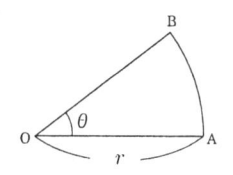

今成: そうですか。

証先生: ところで, 今, 受験のために数学の勉強を「やらされている」と感じているほとんどの人は

扇形の面積の公式なんて見たことない。だから知らない。
↓
見たことのないものはわからない。

といった図式で諦めて考えることをやめてしまうのですね。でも, 彼が違う点は知らない内容が出た場合でも自力で考えて公式を作ってしまう点ですね。

今成: そんなの俺だってできますよ。

証先生: まあ, 扇形の面積の公式などは簡単ですからね。ただ, 彼のようにできる人はおそらく扇形の面積の公式など公式という自覚はないのでしょう。

今成: まあ, そうっすね。扇形なんて円の一部だから, 中心角の分だけ全体から比例配分して,

$$\pi r^2 \times \frac{\theta}{2\pi} = \frac{1}{2}r^2\theta$$

とすればよいだけっすからね。

証先生: では, だ円

$$C: \frac{x^2}{a^2} + \frac{y^2}{b^2} = 1 \quad (a > b > 0)$$

の 2 焦点を F_1, F_2 とし, だ円上の任意の点を P とおくと, だ円の定義上, $PF_1 + PF_2$ の値は一定なのですが, この一定値を知らなかった場合に, この一定値が必要になったらどうしますか?

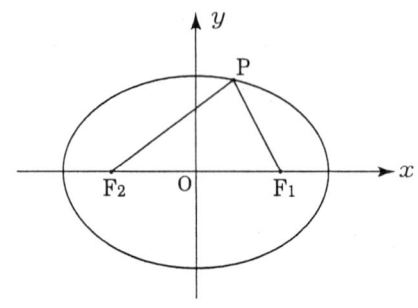

今成: 先生, だって俺知ってますもん。

証先生: 知らなかったらです。

今成: …

証先生: 「知らないからわからない」と考える人が多い中, 1 年生の彼はこう考えていました。

任意の点 P (P はだ円 C 上の点) で $\mathrm{PF_1 + PF_2}$ の値は一定なのだから，P が C 上の点 $\mathrm{A}(a,0)$ の場合も $\mathrm{PF_1 + PF_2}$ の値はその一定値である．このとき，$\mathrm{A'}(-a,0)$ とおくと，

$$\begin{aligned}\mathrm{AF_1 + AF_2} &= \mathrm{A'F_2 + AF_2} \quad (\because \quad \mathrm{AF_1 = A'F_2})\\ &= \mathrm{AA'}\\ &= 2a\end{aligned}$$

である．

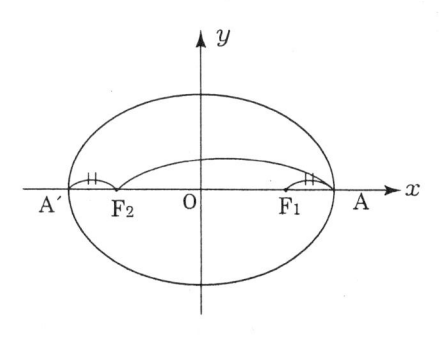

こんな感じです．後は，必要があれば任意のだ円上の点で $\mathrm{PF_1 + PF_2} = 2a$ であることを証明すればよいのですが，とりあえず，一定値 $\mathrm{PF_1 + PF_2}$ の値が何なのかはわかります．このような対応をしている1年生の積君を見ていて私は「この子は伸びる」と思っていましたが，実際に現実はそのようになりました．

一般に，数学のできる人は「知らないこと」と「わからないこと」が違うということを知っていますから，「知らないこと」が出てきてもそう簡単には怯みません．また，「知っていること」は「わかっていること」にもなっているのですね．今成君にとって「知っていること」は「わかっていること」ですか？

今成: え，えっと，まあ，そうです．え？でも，知ってさえいればいいってこともないですか？

証先生: 中にはあります．でも，それは少ないですね．

今成: ふぅーん．

証先生: 例えば，円順列の公式は知っていますよね．

今成: 「異なる n 個の文字を円形に並べる並べ方は $\dfrac{n!}{n} = (n-1)!$ である」っていうやつっすよね．

証先生: そうです。それで、なぜ $n!$ を n で割って $(n-1)!$ が出てきたのかを理解していないでいると大変なことになります。

今成: n で割るのは n 個の席を区別しないからっすよね。

証先生: まあ、そうですが……例えば、4個の文字 A, B, C, D と 4個の文字 P, Q, R, S を交互に円形に並べるとしましょう。例えば、こんな感じです。

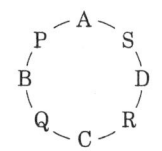

```
   A
 P   S
B     D
 Q   R
   C
```

今成: この並べ方を聞いているっすか?

証先生: そうですが、まず、A, B, C, D を円形に並べる並べ方は

$$\frac{4!}{4} = 3! = 6 \text{ (通り)}$$

次に、P, Q, R, S を並べる。よく見るとこれも円形である。
だから、この後で P, Q, R, S を並べる並べ方も 6 通りである…

今成: 先生、それ違わなくないっすか?

証先生: そうです。同じ円形でも次の 2 つは区別します。

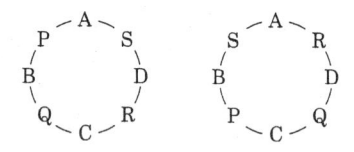

```
   A            A
 P   S        S   R
B     D      B     D
 Q   R        P   Q
   C            C
```

だから、「円形だから n で割る」のような短絡的な覚え方では通用しません。

　人は、たいていの場合は、とりあえず楽な道を探します。これは悪いこととは限りません。ところで、数学を学習していて新しい事実が現れたとき、それを理解することは人によっては、あるいは内容によっては困難なことがありますね。そのようなときに「楽な道」としてただ単に文字面を「覚える」という方法を選ぶ人がいます。私も、内容を理解していない人、わかろうとしない人から「先生、とりあえず覚えておけばよいですか？」などという質問を受けますが、そのような人は答案を見てみると決して覚えたことさえ使えていないことが多いのですね。

[証先生の話を聞いているうちに, 今成君は自分と積君の学習姿勢が根本から違うことを思い知らされ, さらに自分と積君の差を再度認識させられました。しかし, それでもプライドの高い今成君は強気の姿勢を崩しませんでした。]

今成: 先生, 積ってそんなによくできるのですか。まあ, いいですよ。俺は2番手でも大学受かってしまえば一緒っすよね。積のように無駄にできたってしょうがないっすよ。

[このとき, 証先生はちょっと迷いました。そして, 今成君の刺激になるのではないかと思い本当のことを今成君に話しかけました。]

証先生: いいえ, あなたは2番手ではありません。今, 急激に伸びてきている生徒がいるのです。その生徒は春までは数学の成績はクラスの半分より下でしたが, ある時点で急に伸びてきていてその生徒が3年1組では2番目によくできる生徒です。数学の勉強の取り組み方なども積君の影響を大きく受けているようですよ。

[今成君は大変驚きました。自分より数学のよくできる生徒はせいぜい積君だけで, 他の生徒は自分の足元にも及ばないと思っていたからです。]

今成: え? 先生, それはだれですか? 気になりますよ。

[今成君は積君と同タイプの生徒が自分を抜いたとあって, その生徒の名前を聞かずにはいられませんでした。そして, 証先生は謎の女子高生の名前を言いました。]

証先生: はい。彼女はあるとき急に伸びてきました。なぜ, 急に伸びてきたのかは私にはわかりません。きっとかなり努力をしているのでしょうね。

今成: え, そ, そんなぁ。

★   ★

今成君はかなりショックでした。そこで, 実際にどれだけ謎の女子高生ができるのかを試してみたくなりました。

そのころ, ジョニーズの中で3人の話は続いていました。

★   ★

幸一: なんかさあ。今までの話を聞いているとこの本に書いてあることも本当なのかなあと思えてきたよ。

[幸一君はかばんから本を取り出しました。]

るい: 何? その本。

幸一: 今成君から借りたんだ。『東大に必ず合格するテクニック』っていう本。

るい: 今成君らしいわね。

福田: へぇー。面白そうね。ただ, 書いてあることを鵜呑みにはしないでね。良いことも書いてあるかもしれないけど, それを自分で判断する力もつけた方が大切なのよ。

[そのとき, 幸一君に電話がかかってきました。弟の幸二君からです。]

幸一: え? お母さんが怒っているって? あ, そうだった。今日は夜出かけるって言ってたもんな。わかったすぐ帰るから。

[幸一君はお金を置いて急いで出て行きました。]

福田: では, 私たちもそろそろ出ましょうか。

るい: はい。

★　　　　　★

　福田さんとるいさんも店の外に出ました。ところで, このとき幸一君があわてて外に出たため今成君から借りたという『東大に必ず合格するテクニック』という本をジョニーズの中に忘れてしまいました。このことに幸一君はまだ気がついていません。

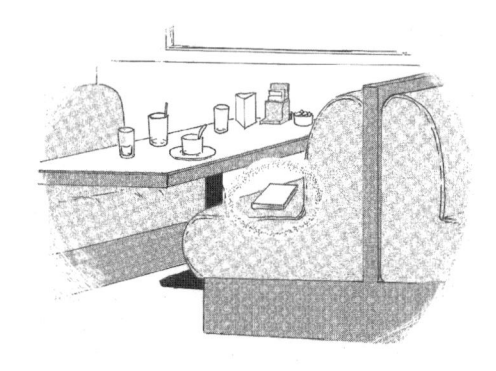

第 16 話　公式には覚え方がある

****

　数学の公式には簡潔なものから複雑なものなど様々です。多くの公式を覚えることは大変なことかもしれませんが、その多くは「公式の意味を理解する」「数式の構造や特徴に着目する」などによって記憶に残りやすくなったり、使いやすくなったりします。逆に、ただ「画像を取り入れる」ように丸暗記をしようとすると肝心なときに役に立たなかったりします。

****

　これまでは、幸福高校の中では自分より数学がよくできる生徒はせいぜい積君だけだと思っていた今成君ですが、証先生が今成君よりもよくできる生徒として、謎の女子高生の名前をあげたので彼女のことが大変気になってきました。

　特に 11 月のこの時期は自分の成績だけでなく、他人の成績も気になる人がいます。自分は伸びていないのに他の人は伸びているとなると心理的にもよくありません。自分の成績についてプライドの高い今成君にとってはなおさらです。

★　　　　　　★

今成: あいつ、本当にそんなに数学がよくできるのか？ なら、その実力を試してやる。

★　　　　　　★

　今成君は謎の女子高生に近づいて彼女の数学の力を確かめてみたいと考えるようになりました。

★　　　　　　★

　よく朝、幸一君は教室の自分の席で今成君から借りた本を探していました。どうやらなくしてしまったようです。運悪く、今成君が幸一君のもとにやってきました。

★　　　　　　★

今成: よおっ、福山。朝から何を探しているんだ?

幸一: ぎょっ! い、今成君! う、うん。正直に言おうかな。

今成: ? 何か様子が変だな。

幸一: えーと。昨日のジョニーズのときまではあったんだけどな。おかしいな。

今成: 何のことだよ。

幸一: いやぁね。実は, 今成君から借りていた『東大に必ず合格するテクニック』という本をなくしてしまったみたいで…。

今成: あ, あれか。まあ, いいよ。俺はもう全部読んだから。

幸一: え？本当にいいの？

今成: ああ。もう俺の頭の中にすべて入っているからな。

幸一: あーよかった。

今成: なんだ, そんなことなら早く言えよ。

幸一: 今成君ありがとう。

　　［今成君はそのとき教室の後ろに一人で何か計算をしている様子の謎の女子高生に気をとられていたのです。少したって, 今成君は謎の女子高生の近くに行きました。］

今成: よおっ。何しているんだい。

　　［謎の女子高生はノートをあわてて隠しました。］

今成: ん？そのノートに何か大切なことが書いてあるのかい？

謎の女子高生: …

今成: ところで, 最近かなり勉強しているそうじゃないか。ということで, 数学をどっちがよく知っているか俺と勝負をしてみないか？

謎の女子高生: いやよ。なんでそんなことしなければならないの。

今成: それって, 負けを認めたことになるぜ。

謎の女子高生: 負けでいいわ。

　　［そう言って謎の女子高生は教室から出て行ってしまいました。］

今成: チッ。

★　　　　　★

　昼休みになりました。今度は幸一君が悩んでいるところにるいさんが話しかけてきました。

★　　　　　★

幸一: うーん。えーと。また忘れちゃった!

るい: 幸一, どうしたの?

幸一: いやー, 公式をよく忘れるんだ。覚えたはずの公式がすぐに出てこないと焦るよね。

るい: どんなの?

幸一: 例えば, 円 $x^2 + y^2 = r^2$ を C として, C 上の点 (x_0, y_0) における接線の方程式は…

　[るいさんは幸一君をさえぎって]

るい: $x_0 x + y_0 y = r^2$ でしょ。

幸一: そう。もちろんそのくらいは覚えていたよ。で, 僕が今思い出したいのは円の中心が原点ではない場合の公式なんだ。つまり,

　　円 $C : (x - p)^2 + (y - q)^2 = r^2$ の C 上の点 (x_0, y_0) における接線の方程式は何か?

ってこと。

るい: え? 私知らない!

幸一: 僕は見たことあるんだけど, しばらく使わないとすっかり忘れてしまってさ。

　[そのとき, 最近機嫌のよい積君が会話に参加してきました。積君が参加してきたことで, 今成君は遠くからこの様子を眺め始めました。]

積: 福山君, どうしたの?

幸一: あ, 積君。あのさ, 公式忘れて…

　[幸一君は忘れていた公式について説明しました。]

積: 福山君。その接線の公式って,
$$(x_0-p)(x-p)+(y_0-q)(y-q)=r^2$$
だけど, こういう公式って覚え方があるんだよ。

例えば, この公式の場合は,

[Step 1]

まず, 円の方程式 $(x-p)^2+(y-q)^2=r^2$ の中の $(x-p)^2$, $(y-q)^2$ を 2 乗を使わずに, (円の方程式を)
$$(x-p)(x-p)+(y-q)(y-q)=r^2 \tag{16.1}$$
と書く。

[Step 2]

次に, 式 (16.1) の中には x と y が 2 つずつあるけど, そのうちの一つずつに接点の座標を代入する。つまり, 2 つある x のうちの一つに $x=x_0$ を代入し, 2 つのある y のうちの一つに $y=y_0$ を代入する。すると,
$$(x_0-p)(x-p)+(y_0-q)(y-q)=r^2$$
となって, これで円の接線の方程式が得られる。

幸一: うーん。

積: じゃあ, 具体例を出してみるよ。例えば, 円 $(x-1)^2+(y-3)^2=17$ 上に点 $(5,2)$ があるけど, この点における円の接線の方程式は次の手順で得られるんだよ。

$$(x-1)^2+(y-3)^2=17$$
↓ (円の式を 2 乗を使わずに書く)
$$(x-1)(x-1)+(y-3)(y-3)=17$$
↓ (2 つの x の一方に $x=5$, 2 つの y の一方に $y=2$ を代入)
$$(5-1)(x-1)+(2-3)(y-3)=17$$

後は, 最後の式を整理して,
$$4(x-1)-(y-3)=17$$
$$\therefore \quad 4x-y-18=0$$

これが円の接線の方程式だよ。

幸一: なるほど。これなら覚えていられるかなぁ。

積: この覚え方のよいところは, 曲線が円でなく, だ円, 双曲線でも通用するところなんだ。例えば, だ円 $3(x-2)^2 + 5(y-1)^2 = 23$ のだ円上の点 $(3,3)$ における接線は, 次のように求めることができる。

$$3(x-2)^2 + 5(y-1)^2 = 23$$
↓ (だ円の式を 2 乗を使わずに書く)
$$3(x-2)(x-2) + 5(y-1)(y-1) = 23$$
↓ (2 つの x の一方に $x=3$, 2 つの y の一方に $y=3$ を代入)
$$3(3-2)(x-2) + 5(3-1)(y-1) = 23$$

となって, 後は最後の式を整理して,

$$3x + 10y - 39 = 0$$

これが, だ円の接線の方程式だよ。

るい: へぇー。やっぱり積君っていろいろと知っているんだね。

積: このくらいはたいしたことないよ。

幸一: 他に公式を覚えておくコツってある?

積: うーん。ならさ, 意味を考えて覚えるってのはどう?

幸一: 例えば?

積: xy 平面上に 2 点 $A(a_1, a_2)$, $B(b_1, b_2)$ がある。線分 AB を直径とする円の方程式は,

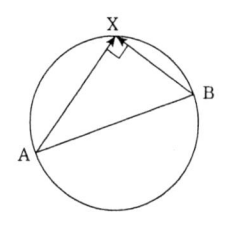

$$(x-a_1)(x-b_1) + (y-a_2)(y-b_2) = 0 \tag{16.2}$$

である, なんてどう?

幸一: どこが「意味を考えて」なの?

積: これはさ, $X(x,y)$ とすると点 X が AB を直径とする円上にある条件は $\overrightarrow{AX} \cdot \overrightarrow{BX} = 0$ なので, これを成分で表すと,

$$\begin{pmatrix} x-a_1 \\ y-a_2 \end{pmatrix} \cdot \begin{pmatrix} x-b_1 \\ y-b_2 \end{pmatrix} = 0$$

$$\therefore \quad (x-a_1)(x-b_1)+(y-a_2)(y-b_2)=0$$

となるよね。だから、式 (16.2) は「内積の成分計算」なんて覚えるとよいかもね。

これがわかれば、空間内の 2 点 A(a_1, a_2, a_3), B(b_1, b_2, b_3) を直径の両端とする球面の方程式が、

$$(x-a_1)(x-b_1)+(y-a_2)(y-b_2)+(z-a_3)(z-b_3)=0$$

となることも簡単に覚えられるでしょ。

幸一: う, うんまあね。他には?

積: じゃあ, こういうのはどう?

xy 平面上に A(a,c), B(b,d) があるとする。このとき, 三角形 OAB の面積を S とすると、

$$S = \frac{1}{2}|ad-bc| \tag{16.3}$$

である。まず、これは知っているよね。

幸一: そんなのあったっけ? でも、三角形の面積なんて

$$S = \frac{1}{2}\sqrt{|\overrightarrow{AB}|^2|\overrightarrow{AC}|^2 - (\overrightarrow{AB}\cdot\overrightarrow{AC})^2}$$

を知っていれば大丈夫なのでは?

積: だめだよ。確かに福山君のいう公式があれば三角形の面積を求めることができるけど、公式 (16.3) が使える場合はこちらの方がずっと早いんだよ。特に, 3 頂点の座標が文字を含む式で表されている場合はね。

幸一: そういえば, 証先生が「少ない知識を多用しようと考えて、公式を覚えない人が多くて困る」とか言っていたなぁ。で、なんで (16.3) が覚え方と関係があるの?

積: $ad-bc$ というのは、行列 $\begin{pmatrix} a & b \\ c & d \end{pmatrix}$ の行列式でしょ。だから, (16.3) は

$$S = \frac{1}{2}\left|\det\begin{pmatrix} a & b \\ c & d \end{pmatrix}\right|$$

とか,

$$S = \frac{1}{2}\left\|\begin{matrix} a & b \\ c & d \end{matrix}\right\|$$

などと表すことができるんだよ。2 番目の式の外側の｜　｜は「数の絶対値」、内側の｜　｜は「行列の行列式」を表すものだから混同しないように。それから, 慣れていない人は $\begin{pmatrix} a & b \\ c & d \end{pmatrix}$ と $\begin{vmatrix} a & b \\ c & d \end{vmatrix}$ も混同するから気をつけた方がいいよ。

るい: 今日の積君, 親切ね。いつもこうだったらいいのに。

幸一: そのように表現できたら何かいいことがあるの?

積: それはね。空間の場合, $A(a,d,g), B(b,e,h), C(c,f,i)$ とするとき四面体 OABC の体積を V とすると, 同じように

$$V = \frac{1}{6} \left| \det \begin{pmatrix} a & b & c \\ d & e & f \\ g & h & i \end{pmatrix} \right|$$

あるいは,

$$V = \frac{1}{6} \left| \begin{vmatrix} a & b & c \\ d & e & f \\ g & h & i \end{vmatrix} \right|$$

と表せるんだよ。

幸一: えーっ。だって僕, 3 行 3 列の行列式って知らないよ。

積: これも覚え方があるんだよ。簡単さ。まず, 2 行 2 列の場合,

$$\begin{vmatrix} a & b \\ c & d \end{vmatrix} = ad - bc$$

だよね。これは, ＼ の向きにかけて「＋」の符号をつけ, ／ の向きにかけて「−」の符号をつけてその 2 つの値を足したと考えておく。つまり,

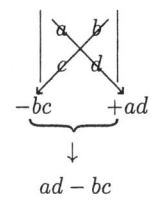

$$\underbrace{-bc \quad +ad}_{\downarrow}$$
$$ad - bc$$

という感じかな。

3行3列の行列式の場合もこれと同じように「かけて」「符号をつけて」「足す」といい。ただし，3行3列の場合ダミーを作っておく必要がある。

$$\begin{vmatrix} a & b & c \\ d & e & f \\ g & h & i \end{vmatrix} \quad \text{(を求めたい)}$$

↓ （左右にダミーをつける）

$$\begin{array}{ccc|ccc|ccc} a & b & c & a & b & c & a & b & c \\ d & e & f & d & e & f & d & e & f \\ g & h & i & g & h & i & g & h & i \end{array}$$

↓（＼の方向にかけて「＋」，／の方向にかけて「－」の符号をつける）

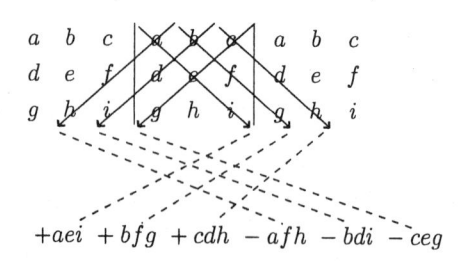

$+aei + bfg + cdh - afh - bdi - ceg$

となって，

$$\begin{vmatrix} a & b & c \\ d & e & f \\ g & h & i \end{vmatrix} = aei + bfg + cdh - afh - bdi - ceg$$

と覚えておけばいいんだ。ただし，この方法は4行4列以上の行列には使えないけどね。

幸一: できるかなぁ。

積: こんな感じで，平面図形の公式と空間図形の公式の一部は対応していてセットで覚えると効率がよいということもあるんだよ。

幸一: 他には？

積: 平面でベクトル $\begin{pmatrix} a \\ b \end{pmatrix}$ に垂直で点 (x_0, y_0) を通る直線の方程式は，

$$a(x-x_0) + b(y-y_0) = 0$$

これが，空間図形の場合，ベクトル $\begin{pmatrix} a \\ b \\ c \end{pmatrix}$ に垂直で点 (x_0, y_0, z_0) を通る平面になり，この平面の方程式は，

$$a(x-x_0) + b(y-y_0) + c(z-z_0) = 0$$

となる。もちろん，平面の方程式は今は高校数学の範囲外だけど知っているとそれなりに便利なこともあるし。

それから，平面図形で，点 (x_0, y_0) と直線 $ax + by + c = 0$ の距離は

$$\frac{|ax_0 + by_0 + c|}{\sqrt{a^2 + b^2}}$$

だよね。この空間バージョンは，点 (x_0, y_0, z_0) と平面 $ax + by + cz + d = 0$ の距離で，これは，

$$\frac{|ax_0 + by_0 + cz_0 + d|}{\sqrt{a^2 + b^2 + c^2}}$$

となるんだ。似ているよね。

幸一: 平面の方程式以外にはないの？

積: 例えば，こういうのはどうだい。

[1] 平面図形の場合

三角形 OAB は ∠AOB = 90° の直角三角形で OA = a, OB = b, AB = c とする。このとき，

$$a^2 + b^2 = c^2$$

が成り立つ。

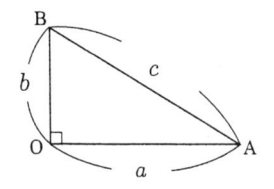

これは，誰でも知っている三平方の定理だね。これの空間版としてこういうのがあるんだ。

[2] 空間図形の場合

四面体 OABC は ∠AOB = ∠BOC = ∠COA = 90° を満たすとする。(これが直角三角形に対応する四面体)

次に，△OAB = S_1, △OBC = S_2, △OCA = S_3, △ABC = S

とすると，
$$S_1^2 + S_2^2 + S_3^2 = S^2$$
が成り立つ。

平面の場合を三平方の定理というなら，これは四平方の定理だね。

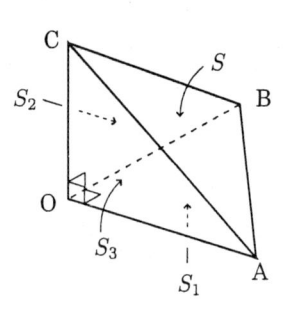

幸一: ふうーん。この定理は面白いね。

積: それからさ，公式は中には丸暗記しなければならないものもあるかもしれないけど，式の構造とか，特徴をつかむように心がけておくとよいこともあるんだよ。数学の公式には美しいものがあって数とか式の並び方に規則性があるものが多いから。

るい: 具体的にはどんな感じなの？

積: じゃあ，3次方程式の解と係数の関係を取り上げてみるよ。知ってると思うけど，3次方程式の解と係数の関係って，3次方程式 $ax^3 + bx^2 + cx + d = 0$ の3解を α, β, γ とするとき，

$$\alpha + \beta + \gamma = -\frac{b}{a} \tag{16.4}$$

$$\alpha\beta + \beta\gamma + \gamma\alpha = \frac{c}{a} \tag{16.5}$$

$$\alpha\beta\gamma = -\frac{d}{a} \tag{16.6}$$

が成り立つっていうものだよね。この3式の左辺だけどさ，

- (16.4) は α, β, γ のすべての1次式の和 ($\alpha + \beta + \gamma$)
- (16.5) は α, β, γ から異なる2つ数を選びその積作り，それらをすべて加えたもの ($\alpha\beta + \beta\gamma + \gamma\alpha$)
- (16.6) は α, β, γ のすべての積 ($\alpha\beta\gamma$)

のようになっていて，次々に次数が上がっていくのがわかるだろう。(ついでに，これらは基本対称式というけど。)

これに対し，右辺はすべて分母が a で分子は上から順に b, c, d となっていて，符号が $-, +, -$ となっているよね。こういう感じでとらえておくと，たとえ初

めて「4次方程式の解と係数の関係」とか「5次方程式の解と係数の関係」とか言われたときでも，それがどのようなものかの「予想」はつくよね。それから「え？ 4次方程式にも解と係数の関係ってあったの」なんて反応をしなくてすむと思うんだ。ついでに，3次方程式の解と係数の関係の証明も理解しておけば，4次方程式，5次方程式の場合でもすぐに作れるよ。

るい: なるほどね…と言いたいけど，そんなことまで考えていなかったわ。

積: よくないのは，公式 (16.4), (16.5), (16.6) を「絵」として捉えて棒読みをし，まるでお経を読むように音だけで覚えようとすることだよ。

幸一: 証明って覚えておいた方がいいの？

積: この程度はね。でもさ，僕のお父さんは数学者なんだけど，数学者といえども自分の関わっている分野すべての定理の証明を詳細に覚えているわけではないんだって。でもね，覚えていなくても，人と議論をしたり，論文を書くときなどは

「『一度自分で正しいと確認したもの』(それがたとえ証明を忘れていたとしても)，あるいは『証明をした経験をもつもの』だけで話を構成しようとする姿勢が大切なんだ」

と言っているよ。高校数学の枠内ですべてそうするのは苦しいけどね。でも，人が言っていたことを疑いもなく信じきってしまうのはよくないと思うよ。

るい: それと似たような話をいつか証先生も言っていたわね[7]。

積: あっ，僕，ちょっと用事を思い出したからこの辺で失礼するよ。

[積君はすばやく立ち去って行きました。]

るい: 積君って本当にすごいね。

幸一: まあね，でも数学 I の範囲だったら僕だってばっちりなのになぁ。

[この幸一君の発言を聞いて，近くにいた火野さんが問題集をもって幸一君の方にやってきました。]

火野: 福山君，じゃあ，この問題にある $a^3 + b^3 + c^3 - 3abc$ の因数分解を教えてくれない？

---

[7]第1話参照。

[火野さんは問題集を見せました。その問題は $a^3+b^3+c^3-3abc$ の因数分解が必要な問題でした。]

幸一: え？ あれ？ これかぁ。どうするんだっけ，$a^3+b^3+c^3-3abc$ の因数分解だよね。ええと。

火野: 早くしてよ！ 今，「数学Ⅰならばっちり」って言っていたでしょ！

[火野さんは気が短いのでイライラしてきたようです。]

幸一: う, うん‥‥

[その様子を，教室の後ろで謎の女子高生が見ていました。彼女は急いで幸一君にメールを送りました。]

謎の女子高生: (メールで) それは，
$$a^3+b^3+c^3-3abc = (a+b+c)(a^2+b^2+c^2-ab-bc-ca)$$
なのよ。

[幸一君はこの見覚えのないアドレスからのメールを相変わらず証先生からのものと思っていたようです。幸一君は火野さんに気がつかれないようにメールを見て答えました。]

火野: ありがとう。福山君。

[火野さんは答を聞くと自分の席に戻って行きました。ところで，今起こったこと，つまり，幸一君が困っていたときに，謎の女子高生が幸一君にメールを送り幸一君を助けていた様子の一部始終を今成君は見ていたのです。]

今成: (なるほど，福山を責めれば，やつが助け舟を出すということなのか。ふふーん。いいことを思いついたぞ。これでやつが本当に数学ができるかどうかを量れるな。)

[今度は，今成君が幸一君に近づいていきました。]

今成: 福山，朝，言っていた俺の本だけど‥‥

幸一: え？ それって『東大に必ず合格するテクニック』のこと？

今成: ああ，そうだ。あの本やっぱりすぐに返してくれないかなぁ。

幸一: え？ 朝と言っていること違うけど。

今成: 借りたものは返す! これ, 当たり前だろ!!
　　　[今成君は強い調子, 教室中に聞こえる大きな声で言いました。もちろんこれは教室の後ろにいる謎の女子高生に注意を向けるためのものでした。]

幸一: (困り果てた様子で) で, でも…

今成: じゃあよ, 放課後, 俺が出した問題に瞬時に答えられたら許してやるよ。
　　　[今成君は, 謎の女子高生の方を横目で見ながらにやっとして, そして穏やかな口調で言いました。近くで見ていたるいさんは, 事情がつかめていません。]

るい: なんで, そうなるの? わけわかんなくない?

今成: いいんだよ。他の人は口を出すなよ。俺と福山のことだから。

幸一: わかった! いいよ。僕だって, 結構勉強しているんだし受けて立つよ。

るい: 大丈夫かなぁ。
　　　[この様子をもちろん謎の女子高生が見ていました。今成君はちらっと謎の女子高生の方に目をやりました。]

今成: (ふふふっ。もちろん, 福山の力なんかを試すつもりはないさ。)

★　　　　★

　放課後になりました。教室には幸一君と今成君だけがいます。幸一君は自分の席に座っていて, 今成君は教壇の上に座っています。廊下には心配そうにこっそりと謎の女子高生が見守っていますが, ここに彼女がいることは今成君はわかっていました。

★　　★

幸一: で, 何するの?

今成: 今から, 問題を5題出す。ほとんど公式で一発だから計算用紙なしで答えてもらう。全部答えられたら貸した本のことはなしにしてやるよ。おまえ, 最近, 力つけたようだからな。試してみたくてな。

幸一: わかった。いいよ。

　[幸一君は自信満々に受けてたつ様子でした。(以下の解説は付録 (p.159 以降) にあります。)]

今成: じゃあ, $(\log_2 3) \times (\log_3 5) \times (\log_5 7) \times (\log_7 8)$ はどうだ。

　[今成君は廊下にまではっきりと聞こえるように言いました。]

幸一: それって, 底の変換公式を使って $\cdots$

今成: 遅いなぁ。ふふふ。

　[今成君はにやっとして, 廊下の外で隠れてみている謎の女子高生の方を眺めました。まもなく, 謎の女子高生から幸一君にメールが入りました。]

謎の女子高生: (それは log の約分公式ってのがあるのよ。$(\log_a b) \times (\log_b c) = \log_a c$ のように b と $\log_b$ が消えるの。だから, 同じようにして,

$$(\log_2 3) \times (\log_3 5) \times (\log_5 7) \times (\log_7 8) = \log_2 8 = 3$$

となるのよ。)

　[幸一君はこのメールが送られてきたことに気がつき, それをそっと見ました。今成君は幸一君がメールを見ているのはわかっていましたが, わざと気がつかないふりをしていました。]

今成: (ふふっ。俺が知りたいのは, 彼女の数学の力だからなこれで思うつぼだな。)

幸一: (なるほど, 証先生ありがとう。) 答は 3 だよ。

　[幸一君は, あいかわらず証先生がどこかで見ていて応援してくれていると思っていたようです。]

今成: 正解だ。では, 次は $\vec{x}$ を $\vec{n}$ 方向に正射影したベクトルの大きさは?

幸一: ええと, 正射影の公式ってあったなぁ。確か, ええと $\cdots$

[謎の女子高生からのメールが届きました。]

謎の女子高生: (それは, $\dfrac{|\vec{x} \cdot \vec{n}|}{|\vec{n}|}$ だからね。)

幸一: (ありがとう, 証先生。) 答は, $\dfrac{|\vec{x} \cdot \vec{n}|}{|\vec{n}|}$ だよね。

$\vec{x}$ を $\vec{n}$ 方向に正射影したベクトル

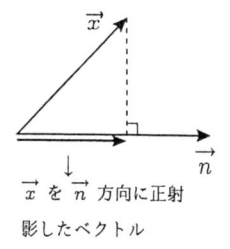

今成: 正解だ。なら, これはどうだ。

不定積分 $\displaystyle\int \sqrt{x^2+1}\, dx$ を求めよ。

幸一: うーん。これって, $x = \tan\theta$ とかおくのかなあ。

[再びメールが届きました。]

謎の女子高生: (それは, $x + \sqrt{x^2+1} = t$ とおいて求めるんだけど, とりあえず公式があって,
$$\int \sqrt{x^2+1}\, dx = \frac{1}{2}\{x\sqrt{x^2+1} + \log(x+\sqrt{x^2+1})\} + C$$
なの。)

幸一: (証先生ありがとう。) それは, $\dfrac{1}{2}\{x\sqrt{x^2+1} + \log(x+\sqrt{x^2+1})\} + C$ だ。

今成: そうだ。なかなかやるな。

[今成君の表情は少しずつ余裕のないものになっていきました。]

今成: なら, これならどうだ。

3点 A(1,0,3), B(2,2,0), C(2,-2,0) で三角形 ABC を作る。ただし, 三角形は内部も含むものとする。この三角形 ABC を z 軸のまわりに回転したときに通過する部分の体積はいくつか?

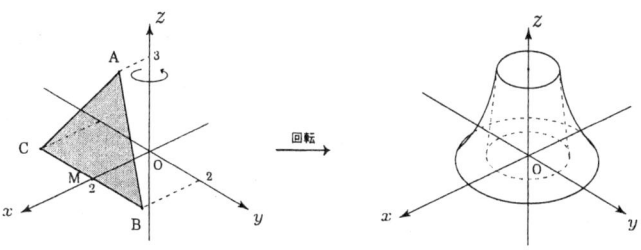

幸一: ええっ。これって計算用紙いらないのかなぁ。

[メールが届きました。]

謎の女子高生: (それは, A′(0,0,3), B′(0,2,0), C′(0,−2,0) として三角形 A′B′C′ を z 軸のまわりに 1 回転させたときに通過する部分の体積と同じなの。だから, 底面の半径 2, 高さ 3 の円錐の体積だから 4π なのよ。)

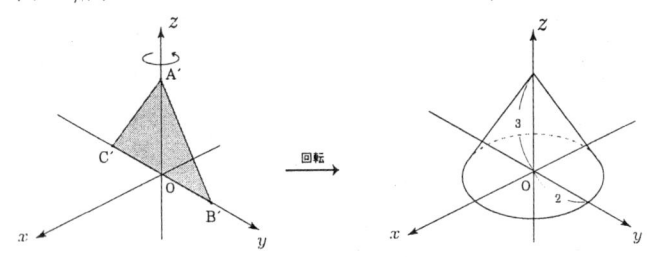

幸一: (うーん。よくわからないけど。) 答は 4π だ!

今成: おっ。(あいつ, なかなかやるな。) 正解だ。

[今成君は, もはや真剣な表情で, 本気モードになっています。]

今成: では, 次で最後だ。

不定積分 $\int e^{x^2} dx$ を求めよ。

幸一: ん? これは見たことあるかも。

今成: (にやっ)

謎の女子高生: (もう, 今成君って本当に意地悪ね。こんな問題を出すなんて。幸一, あなたが見たことあるのは, $\int xe^{x^2} dx$ とかでしょ。)

[謎の女子高生は幸一君にメールを送りました。今成君は, さすがにこれは答えられないだろうと思っていました。]

今成: 見たことあるってか? (笑)

幸一: うーん。ええと…

今成: 早くしてくれないかなあ。ふふふ。

[このとき謎の女子高生からのメールが届き, このメールを見て幸一君は言いました。]

幸一: なるほどそういうことか。

[続けて, 幸一君は顔をあげてしっかりとした口調で言いました。]

幸一: その不定積分は「初等関数では表せない」だよね。つまり, 高校数学で習う関数では表せない。

謎の女子高生: (そうよ。だから e^{x^2} の積分が出題されるときは必ず定積分で出題され, 定積分の値そのものを求めるのではなく, 不等式で評価する問題しか出題されないのよ。)

今成: せ, 正解だ。すごいじゃないか。いつの間にこんなに勉強したんだ? まあ, いい。約束通り本はやるよ。

[今成君の声は少し震えていました。そんなことには全く気がつかずに幸一君はホッとした様子です。]

幸一: ああよかった。

★   ★

謎の女子高生はいつのまにか廊下から立ち去っていました。幸一君は自分の知らない公式ばかりでてきてわけのわからない状況でした。

一方, 今成君は彼女の能力に驚き, いつの間にこんなに力をつけたんだと思いました。11月も過ぎたこの時期は自分の成績だけでなく他人の成績も気になりだす時期です。今成君も例外ではなく, 今まで自分よりできないと思っていた人に追いつかれ, もしかすると抜かされたと思い始めることで次第に焦りを感じてきました。

今成君だけでなく, 3年1組の他の生徒達も少しずつあせりを感じてきており, 3年1組に混乱の様相が現れてきました。

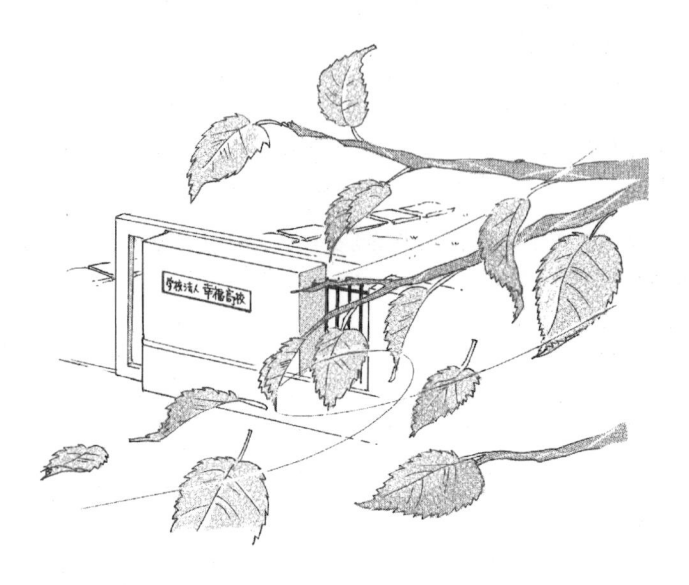

第 17 話　伝わらない

****

　今回は，試験の採点において見過ごされがちなやや厳しい指摘をしてみました。数学は途中の考え方が誤りでも結果の数値が合ってしまうことは多々あることはこれまでにも指摘しましたが，今回は問題集などでも見過ごされそうなレベルについて触れてあります。

****

　12月にも入り，幸福高校3年1組のみなさんもピリピリしてきました。特に，るいさんは最近ナーバスになっています。

★　　　　　　★

るい: さあ，もうこの時期昼休みは貴重ね。この時間に数学の問題を何題解けるかどうかで決まるかもだしね。
　　　[遠くで今成君の話し声が聞こえます。]

今成: $\boxed{4}$ の問題ってやさしいよな。俺, 一瞬だぜ。

るい: 今成君, どの問題のこと言っているのかな? あっ, これか, うん, ええと …, え? 全然わかんないわ。え? どうしよう。確かに簡単そうなんだけど。あっ, 積君この問題教えて!

積: ごめん。いま忙しいんだ。
　　　[積君は自分の読んでいる本から目を離さずに言いました。]

るい: 積くーん。(╲) あっ, 幸一, この問題わかる? なら教えてよ。

幸一: 今, 他の問題解いているからさ …。お互い邪魔しないようにしようよ。
　　　[幸一君はるいさんと目を合わせずに言いました。]

るい: 何! その言い方! 幸一ったらもう! あっ, 証先生, まだ教室にいたんだ。証せんせーい。これ教えてくださーい。

証先生: ごめんなさい。これから会議なの。
　　　[証先生はそう言うと, 急いで教室を出て行きました。]

るい: 証先生まで。なら仕方ないわ。あまり聞きたくないけど, 今成くーん。この問題教えてください。一瞬なんでしょ。

今成: こんな問題自分で考えろよ。俺にはもっと難しい問題を聞けよ。失礼だろ!
　　　[今成君は見下した感じでるいさんに言いました。るいさんの目には涙が浮かんでいました。]

るい: なんで, なんでみんなこんなに冷たくなったの! 今まで仲良かったのに, なんで! なんでなの!!

★　　　　　　★

るいさんはベッドで目を覚ましました。

★　　　　　　★

るい: あっ, 夢か。なんでこんな夢を見たんだろう。
　　　[トントン (ノックする音)]

れい: るい。部屋入るよ。どうしたの朝から。目赤いよ。

るい: 私, だめかも。なんかいろいろと心配になってきて……

☆　　　　　　☆

[教室で]

れい: ってな感じなのよ。このところのるいは。

幸一: ふぅーん。るいは真面目だからなぁ。成績は僕よりはいいのにそれでも心配になるんだよな。きっと。

れい: 幸一が基準じゃねぇ。

幸一: また, それかよ。

れい: でもね, 今回はちょっと気になるのよ。いつもと少し違うの。

幸一: どんなふうに?

れい: 幸一, るいが小学校のとき学校の先生とお父さんに成績のことで怒られて, 追いつめられて家を出たときのことを覚えているでしょ。

幸一: うん。

れい: あのときに似ているの。自信をなくして, どんなことも悪い方に考えてしまうのよ。

幸一: そうか。るいがそんな感じじゃ，れいも勉強に集中できないみたいだし，れいにとってもよくないね。よし，じゃあ，るいが元気になるようにみんなで芝居をするか。幼馴染としての責任もあるし。

れい: 何するの?

幸一: まずさ，るいは最近どんな問題集使っている?

れい: それ，これだけど。

[れいさんは問題集を広げました。]

幸一: なるほど。よし，れいにも協力してもらうよ。まずは放課後になるべく多くの人を教室に集めといて。そして，……

★　　　★

　放課後になりました。教室には幸一君の指示でいつもより多い生徒が残っています。しかし，その中には今成君はいませんでした。今成君は謎の女子高生に数学の成績で抜かされたとあって最近は気の抜けた状態だったのです。

　今成君は一人3階の美術室前の廊下を歩いていました。

★　　　★

今成: あーあ。あんなやつに抜かされるとは，なんか勉強をやる気なくすなあ。

[今成君は3階の廊下の端まで来たとき今まで気にとめていなかった上の階に通じる階段を見つめました。]

今成: ん? ここって3階が最上階のはずだけどな。

★　　　★

　階段の前には「生徒立ち入り禁止」の札が貼られてありました。これを見て今成君は以前，教育実習生の岩田君が教育実習中の放課後に生徒との雑談の中で言っていたことを思い出しました。

☆　　　　　　☆

(ここから，約半年前の教育実習期間の回想)
　放課後に残っていた女生徒達と教育実習生の岩田君が話をしています。その様子を遠くから今成君がボーっと眺めていました。岩田君はあいかわらずハイテンションです。

★　　　　　　★

れい: 先生はいつもそんな調子ですが，高校生のときは落ち込んだことはなかったのですか？

岩田: ははは。いくら僕でも暗い気分になったときはあったさ。

日浦: そんなとき先生はどうしたのですか。

岩田: 実はさ，秘密の場所があったんだよ。そこで，気分転換していたのさ。いい場所でねー。

水上: えー？ それってどこですか？ 知りたいです。

日浦: 先生！ そこまで言って言わないのはずるいですよ。

岩田: ははは。じゃあ教えてあげよう。実はね，3階の廊下の端に上に行く階段があってね…

れい: 上に行く階段って？ この校舎って3階建てだから上に行く階段なんてありませんよ。

岩田: それがあるんだよ。普段は確か「生徒立ち入り禁止」と書かれた張り紙があったなあ。

日浦: じゃあ，行っちゃダメじゃないですか。

岩田: だから，行くと楽しいんだよ。その階段はさ，屋上に通じる階段でさ，屋上には物置が一つ置かれてあるだけであとは何もないんだ。そこからさ，校舎が一望できるんだよ。誰一人いない自分だけの空間。そこから校庭やグランドを見下ろす。それで気分が晴れやかになるんだ。
　　　晴れやかー！　晴れやからー!!　晴れやかれすと!!!
なんてね。

れい: それって「晴れやか」の比較級と最上級ですか?

岩田: その通り! (笑)

日浦: えー。でも立ち入り禁止って書いてあるんだから, 私なら入れないなあ。

岩田: ははは。まあ, 普通は入らないだろうね。僕は普通じゃないからさ (笑)。そこで, 誰も見ないだろうと思ったので物置に落書きしたよ。将来の目標を書いたりしてさ。

れい: 何て書いたんですか?

岩田: (ニコッとして) ひ・み・つ!

水上: 先生, 肝心なところをいつも話してくれないのね。

[ここまでを今成君は何気に聞いていました。]

(ここまで回想)

☆　　　　　☆

　今成君はそのとき岩田君が言っていた屋上に通じる階段がこの目の前にある階段であることに気がつきました。確かに「生徒立ち入り禁止」の札はありますが, 今成君は岩田君の「行けば気分が晴れやかになる」と言っていたことが気になり誰にも見つからないように階段を上って行きました。
　しかし, 今成君が職員室から見えるその階段の踊り場を通ったとき, 職員室にいた証先生が今成君に気がつきました。

★　　　　　★

証先生: え? あれって今成君じゃないかしら。危ない目をしていたけど大丈夫かしら。

★　　　　　★

　そうつぶやくと証先生は席を立ち屋上に通じる階段の方へ向かいました。
　一方, 教室では, るいさんが自信を取り戻せるように仕組んだ幸一君の計画が実行されようとしています。

★　　　　　★

るい: ねぇ幸一, 放課後なのにいつもより人多くない?

幸一: 気のせいだよ。それよりさ, ねぇねぇ, るい。ちょっとこの問題教えてくれる? 僕, この時期にこんな問題わかんなくてさ。僕って幸せだよね。

るい: 自分で「幸せだよね」なんて言っちゃだめよ。

★　　　　　★

幸一君の用意した問題は次の問題です。

【問題 17-1】
関数 $f(x) = \begin{cases} x^3 + \alpha x & (x \geq 2) \\ \beta x^2 - \alpha x & (x < 2) \end{cases}$ が $x=2$ で微分可能となるような実数 α, β の値を求めよ。

★　　　　　★

るい: ん? これって。わかったわ教えてあげる。

[このるいさんの発言を近くにいた生徒は待ち構えていました。そして, 次々とるいさんのまわりに集まってきました。]

水上: わぁーい。私も知りたかったの。教えて!

るい: (えっ, あの水上さんまで?)

石原: 福川さん。私も知りたいから黒板に書いて説明してよ。

るい: え? 私, もしかして期待大きい? 黒板で説明するなんて証先生になった気分だわ。わかったわ。みんなよく聞いて。

★　　　　　★

教室に残っていた生徒の大多数がこうしてるいさんの周りに集まって来ました。るいさんは気をよくして, 黒板に次のように書きました。

☆────────────────────────────────☆

(るいさんの解答)

$g(x) = x^3 + \alpha x, h(x) = \beta x^2 - \alpha x$ とおくと,

$$f(x) = \begin{cases} g(x) & (x \geq 2) \\ h(x) & (x < 2) \end{cases} \quad \cdots\cdots ①$$

$f(x)$ は $x=2$ で微分可能であるから, $x=2$ で連続でなければならない。$x=2$ で

連続である条件は
$$\lim_{x \to 2+0} f(x) = f(2) \cdots\cdots ②　かつ　\lim_{x \to 2-0} f(x) = f(2) \cdots\cdots ③$$
が成り立つことである。① より ② は成り立つ。このとき, $f(2) = g(2) = 8 + 2\alpha$ である。次に,
$$\lim_{x \to 2-0} f(x) = \lim_{x \to 2-0} h(x) = h(2)$$
であるから, ③ の条件は,
$$h(2) = f(2)$$
$$\therefore \quad 4\beta - 2\alpha = 8 + 2\alpha$$
$$\therefore \quad \beta = \alpha + 2 \qquad \cdots\cdots ④$$

このとき,
$$g'(x) = 3x^2 + \alpha, \quad h'(x) = 2\beta x - \alpha = 2(\alpha+2)x - \alpha$$
であるから,
$$\lim_{x \to 2+0} f'(x) = \lim_{x \to 2+0} g'(x) = g'(2) = 12 + \alpha$$
$$\lim_{x \to 2-0} f'(x) = \lim_{x \to 2-0} h'(x) = h'(2) = 3\alpha + 8$$
である。$f(x)$ が $x = 2$ で微分可能である条件は, この 2 つの極限値が一致することであるから,
$$12 + \alpha = 3\alpha + 8$$
$$\therefore \quad \alpha = 2 \qquad \cdots\cdots (答)$$
このとき, ④ より
$$\beta = 4 \qquad \cdots\cdots (答)$$
である。

☆──☆

るいさんは黒板に答案を書き終えました。このとき, 積君は遠くから黒板を見ていましたが, この解答を見て首を横に振っていました。

★　　　　　　　　　★

るい: (よかった。これ問題集に載っていたのと同じものだわ。この答案もその解答を書き写したものだわ。)

火野: ねぇ。るいちゃん。その勢いでこの問題も教えて。

るい: (気をよくして) いいわよ。

★　　　　　　　　　★

火野さんが用意した問題は次のようなものでした。

【問題 17 – 2】

$P = \begin{pmatrix} 0 & 1 & 0 \\ 0 & 0 & 1 \\ 1 & 0 & 0 \end{pmatrix}$ とし，$A = \begin{pmatrix} a & b & c \\ c & a & b \\ b & c & a \end{pmatrix}$, $X = \begin{pmatrix} x & y & z \\ z & x & y \\ y & z & x \end{pmatrix}$ とする。

(1) P^2, P^3 を求めよ。
(2) AX は $AX = \alpha E + \beta P + \gamma P^2$ と表される。α, β, γ を a, b, c, x, y, z を用いて表せ。

★　　　　　　　★

るい: (これも確か問題集でやったことあるわ。)
　　　わかったわ。じゃあ解答書くね。

★　　　　　　　★

るいさんは黒板に解答を書き始めました。

☆――――――――――――――――――――――☆

(るいさんの解答)

(1) $P^2 = \begin{pmatrix} 0 & 0 & 1 \\ 1 & 0 & 0 \\ 0 & 1 & 0 \end{pmatrix}$, $P^3 = \begin{pmatrix} 1 & 0 & 0 \\ 0 & 1 & 0 \\ 0 & 0 & 1 \end{pmatrix}$

(2) 題意の A, X は，$A = aE + bP + cP^2$, $X = xE + yP + zP^2$ と表せる。
(1) により，$P^3 = E, P^4 = P$ であるから

$$\begin{aligned} AX &= (aE + bP + cP^2)(xE + yP + zP^2) \\ &= axE + (bx+ay)P + (cx+by+az)P^2 + (cy+bz)P^3 + czP^4 \\ &= axE + (bx+ay)P + (cx+by+az)P^2 + (cy+bz)E + czP \\ &= (ax+cy+bz)E + (bx+ay+cz)P + (cx+by+az)P^2 \end{aligned} \quad (17.1)$$

これが，$\alpha E + \beta P + \gamma P^2$ に等しいから，係数比較をして

$$\alpha = ax + cy + bz, \quad \beta = bx + ay + cz, \quad \gamma = cx + by + az \quad \cdots\cdots \text{(答)}$$

を得る。

☆――――――――――――――――――――――☆

★　　　　　　　★

幸一: なんだ，やっぱりるいさすがじゃないか。

[そのとき，後ろの方で見ていた積君が黒板の前まできました。実は，積君には幸一君の計画を聞かされていなかったのです。]

積: 残念だけど，僕なら福川さんの解答には満点をあげられないな。

るい: え？ なんで？ どっちの方がだめなの？

積: どちらもこれじゃあ不十分だね。

るい: なんでよ。(「これって，問題集にあった問題で，ほとんど同じ解答書いたのよ」って言いたいわ!)

積: まずさ，【問題 17 – 1】だけど，「一般に成り立つ」わけではない

$$\lim_{x \to a} f'(x) = f'(a)$$

という事実を用いているよね。

るい: どこで？

積: $\lim_{x \to 2+0} g'(x) = g'(2)$ とか $\lim_{x \to 2-0} h'(x) = h'(2)$ とかやっているよね。そこだよ。$\lim_{x \to 2+0} f'(x) = \lim_{x \to 2-0} f'(x)$ が成り立つような α を求めているよね。これでは，$f'(2)$ が存在するってことにはならない。つまりさ，

「$f'(a)$ が存在するかどうかということと，$f'(x)$ が $x = a$ で連続であるかどうかは別のこと」

なんだよ。だから，$f(x)$ が $x = 2$ で微分可能かどうかといわれれば，本来の定義に戻って，

極限 $\lim_{h \to 0} \dfrac{f(2+h) - f(2)}{h}$ が存在すること

を言わなければならないんだよ。

幸一: え？ そうなの。じゃあさ $f'(a)$ が存在するのに $f'(x)$ が $x = a$ で連続でないなんてことあるの。

積: あるよ。例えば，$f(x) = \begin{cases} x^2 \sin \dfrac{1}{x} & (x \neq 0) \\ 0 & (x = 0) \end{cases}$ としよう。この場合，$x = 0$ における微分係数は

$$f'(0) = \lim_{h \to 0} \frac{f(0+h) - f(0)}{h} = \lim_{h \to 0} \frac{h^2 \sin \frac{1}{h} - 0}{h} = \lim_{h \to 0} h \sin \frac{1}{h}$$
$$= 0$$

となるよね。最後の極限は丁寧に説明するには，はさみうちの原理を使うけどね。

幸一: うん。そうだけど。

積: その一方で，$x \neq 0$ のとき

$$f'(x) = 2x \sin \frac{1}{x} + x^2 \left(\cos \frac{1}{x} \right) \cdot \left(-\frac{1}{x^2} \right)$$
$$= 2x \sin \frac{1}{x} - \cos \frac{1}{x}$$

となるよね。ここで，$2x \sin \frac{1}{x} \to 0 \ (x \to 0)$ だけど，$\cos \frac{1}{x}$ は例えば $x \to +0$ のとき $\frac{1}{x} \to +\infty$ となるから激しく振動するよね。$x \to -0$ の場合も同じだけど。

幸一: ああ，原点の近くで無限回振動するってやつだね。

積: そう。だから，極限 $\lim_{x \to 0} \cos \frac{1}{x}$ は存在しない。つまり，$\lim_{x \to 0} f'(x)$ も存在しない。だから，$\lim_{x \to 0} f'(x) = f'(0)$ なんてとんでもない。

幸一: ふぅーん。

積: だからさ，「$f'(a)$ を求めよ。」とか「$f(x)$ が $x = a$ で微分可能であるかどうか調べよ。」なんてときに「$\lim_{x \to a} f'(x)$」を計算しちゃ本当はだめなんだよ。

幸一: だったらどうするの？

積: ふつうに，$\lim_{h \to +0} \frac{f(2+h) - f(2)}{h}$ と $\lim_{h \to -0} \frac{f(2+h) - f(2)}{h}$ を求めて一致することをいうんだよ。

④ で $\beta = \alpha + 2$ が得られたよね。この後で，

$$\lim_{h \to +0} \frac{f(2+h) - f(2)}{h}$$
$$= \lim_{h \to +0} \frac{\{(2+h)^3 + \alpha(2+h)\} - (2^3 + 2\alpha)}{h} = \cdots$$
$$= 12 + \alpha$$
$$\lim_{h \to -0} \frac{f(2-h) - f(2)}{h}$$

$$= \lim_{h \to -0} \frac{\{(\alpha+2)(2+h)^2 - \alpha(2+h)\} - \{(2+h) \cdot 2^2 - 2\alpha\}}{h}$$
$$= \cdots$$
$$= 3\alpha + 8$$

として,

$12 + \alpha = 3\alpha + 8$ より $\alpha = 2$

とすればいいんだよ。

るい: (涙目で) ねぇ, 積君。【問題 17 - 2】の方はなんでだめなの?

積: え? るいさんらしくないな。どうしたの今日は? だってさ, 2 行 2 列のときに

$$pA + qE = p'A + q'E \Rightarrow p = p', q = q'$$

が成り立たないのに, 3 行 3 列で

$$pE + qP + rP^2 = p'E + q'P + r'P^2 \Rightarrow p = p', q = q', r = r'$$

が成り立つわけないでしょ。なんで「係数比較」なんて今さらやっちゃったの? こんなの初歩的なミスでしょ。

るい: (だって, 問題集に書いてあったんだもん。)

積: まあ, これはそれほど大騒ぎするようなミスではないかもしれない。(17.1) の段階で成分表示をしておけばよかったね。

るい: ⋯

[このとき, 積君とるいさんが話している近くにいた幸一君とれいさんが小声で会話していました。]

幸一: せっかく, るいを元気づけようとしてみんなにも残ってもらったのに, 積君にぶち壊されたな。

れい: 積君は, 小さなことでも間違っているのを見たらだまっていられない性格なのよ。

幸一: 問題の選択を間違ったよ。この問題なら確実にるいならできると思っていたのに。せっかく, みんなの前で説明して自信を取り戻してもらおうと思っていたのになぁ。

[幸一君の声は少しずつ大きくなってきたので、るいさんに聞こえてしまいました。るいさんはそれを聞いて興奮し、声を張り上げて言いました。]

るい: なーに。幸一! あんた、私にみんなの前で恥をかかせようとしたのね。ひどい! ひどいわ!!

幸一: 違うよ! 違うって!!

るい: いいわよ。言い訳なんて聞きたくないわ! 私、今、みんなの前でこんなに積君にボコボコにされたのよ。

[るいさんの目は潤んできました。そして、今度は声が震えてきました。]

るい: わ、私 … も、もう自信がなくなってきたじゃない。

幸一: 確かに、ボコボコに叩かれるのはいつも僕の役だしなぁ。あっ、でもね実は…

[るいさんは幸一君をさえぎって言いました。]

るい: ひどいわ! もう何も信じない! 幸一、あんたなんてきらいだわ。幸一も信じない。誰も信じない! 問題集も信じない!

[そう言うと、るいさんは近くにあった教科書とノートを幸一君めがけて投げつけました。まわりの生徒達はるいさんの迫力に圧倒され固まってしまいました。その中でれいさんが動き出し止めに入りました。]

れい: るい、違うのよ。(なんで私たちの気持ちが伝わらないの!)

[しかし、興奮状態のるいさんの耳には入らず、るいさんは教室を飛び出しました。もちろんるいさんの荷物は教室に置いたままです。彼女の心の中はこの場から立ち去りたいという気持ちでいっぱいでした。]

幸一: どうしよう。困ったな……

[このとき、れいさんの頭には小学校時代にるいさんが同じように興奮して家を出て行った情景が映し出されました。れいさんは、ハッとして言いました。]

れい: 幸一! るいを追いかけて! 今すぐ、るいを止めて!

[しかし、幸一君は呆然として動けなかったので、れいさんが幸一君より先に廊下に出て追いかけて行きました。]

れい: るい! 待って!!

第 18 話　競った仲間がいたから

****

　人は人と競争する中で知らず知らずのうちにお互いのよい部分を吸収し，負けまいとしてすばらしい結果を残せることが多くあります。ですから，学習を進める上でも，よきライバル，同じ目的をもつよき仲間の存在はプラスになることは言うまでもありません。そして，このような仲間に恵まれた人は，幸運な人，つまり別の意味での「幸せな人」であると言えます。

　前編から続いたこの「幸せ物語」もこの今回が最後の話ですが，この最終話だけは数学に関連する話ではありません。しかし今までとは別の形で読者の皆さんのお役に立てることを願っています。

****

　— 無知であることは，しばしば人を「幸せ」な状態にします。できたと思っても実は全くできていない，でも本人はそれを全く知らない，あるいは勉強が捗っていると思っていても実はぜんぜん進んでいない，そんな状態の人を「幸せな人」と定義してきました。もうすぐ，そんな幸せな人の物語が完結します。—

★　　　　　　★

　るいさんが教室を出て，全速力で廊下を走り出しました。もちろん，どこかを目指しているわけではありません。ただ，3 年 1 組から少しでも遠くに行きたい，離れたいという思いだけがるいさんの頭の中にあるのでした。

★　　　　　　★

るい: みんなで私のことを…，もう知らない…

れい: るい! 待って!

★　　　　　　★

　れいさんは急いで追いかけようとしましたが，廊下に出たときにはるいさんはもう見える範囲にはいませんでした。少し追いかけましたが，見当たらないのでれいさんは一端教室に戻ってきました。

　そのころ，るいさんは階段をかけ上がり，廊下の角を曲がったところでだれかにぶつかりました。

★　　　　　　★

(ドスン)

るい: きゃーっ。

　　[ぶつかった相手は体育の中村先生でした。]

中村先生: わっ, 君は3年1組の福川さんじゃないか。どっちの方だったかな。

るい: (鼻声で) まじめな…方の…るいで…す。

中村先生: ん？ 何か様子が変だねぇ。

　　[中村先生はるいさんが泣いていることに気がつきました。]

★　　　　★

そのころ教室ではるいさんがいなくなったといって大騒ぎになりました。れいさんも珍しく興奮気味です。

★　　　　★

れい: 幸一, あんなるいを見たのは小学校以来よ。小学校のときは家出したわ。

幸一: ああ, 覚えているよ。帰ってきてからもしばらく尾を引いていたよな。この時期にそんなことになったらまずいよ。そういえば, るいは携帯もってたよね。

れい: 持ってる。でも, るいの荷物は全部ここにあるし。

石原: じゃあ, みんなで探しましょ。私は体育館の方へ行くわ。

積: 僕も探すよ。僕にも責任はあるから。

★　　　　★

3年1組の残っていた生徒達は手分けしてるいさんを探し始めました。

そのころるいさんは中村先生とともに先ほど今成君が通った校舎の屋上に通じる階段を上がっていました。

そのとき, 先に屋上にいた今成君は誰かが上がってくることを察知して急いで物置の中に隠れました。物置の中に入ると, 岩田君が書いたと言っていた「落書き」らしきものを見つけました。そこには,「偉くなる！ by Y.I.」と書いてあり, 今成君は「なんだ。将来の目標ってこの程度か。」と思いました。そして, そのすぐ下にも同じ字体で次のように書かれていました。

「くそー。何でテストであいつに勝てないんだ。大学に入ってから絶対に逆転して

やる！俺は負けない。」

これを見た今成君は，次のように思いました。

「岩田先生，今はあれだけ自信たっぷりなのに，高校生のときは絶対勝てない人なんていたんだ。(寂しそうな目をしながら) ははは，今の俺みたい…ん？でも岩田先生はここからあのようになったんだよな。」

　今成君がそう考えていると誰かが屋上の扉を開けました。そして，中村先生とるいさんの声が聞こえてきました。

★　　　　　★

るい: 先生，ここどこなんですか？

中村先生: ここはね，普段は生徒は入れない場所なんだよ。

　　[中村先生は先に外に出ました。]

中村先生: ほら，そこからグラウンドを見てごらん。

　　[るいさんはフェンスの方に向かって歩き，そこから校舎，校庭，グラウンドを眺めました。]

るい: こんな場所あったんだ。今まで知らなかった。

★　　　　　★

　そのころ3年1組の生徒達は必死にるいさんを探していました。積君と石原さん

は校舎の外にまで探しに行きました。一方，幸一君は，るいさんの荷物が教室にあるから彼女はもしかすると教室に戻ってくるのではないかと思って教室に引き返しに来ていました。しかし，教室にはだれもいません。静かな教室ですが，3年1組の生徒達が相当慌てて教室の外に出たことがよくわかり，机も乱れ，荷物を出したままの人もいました。幸一君は教室をゆっくりと見渡すと，れいさんの席の上にれいさんが普段から大切にしていたノートが置かれたままになっていることに気がつきました。幸一君は，そのノートを見ればるいさんの行きそうなところが何かわかるかもしれないと思い，れいさんのノートをそっと開きました。

?!

そのノートを見たとき，幸一君は唖然としました。それは見覚えのある数式，図，メモの原稿などが書いてあり，これまでしばしば幸一君の危機を救ってくれた「謎の女子高生」のアドバイスがあったのです。この瞬間，幸一君は「謎の女子高生」として今まで自分を支えてくれていた人は証先生の演技などではなく誰であるかを確信しました。

★　　　　　　　★

幸一: れい！ れいだったのか。

> [幸一君はこれまで自分はるいさんはともかくとして，れいさんについては見下していたところがあります。「れいに教えてもらうようでは…」「いくらなんでも，れいの世話なんかならないよ[8]」と言ったこともあります。このような関係でしたので，れいさんは，次第にこんな幸一君に数学的なアドバイスはもちろん，簡単な助言すらも言いにくい関係になっていました。そこでれいさんは，気づかれないようにそっと陰で幸一君を支援していたのでした。幸一君は彼女のノートに書かれた必死な計算，熱心な研究が自分に今まで課せられていた問題と関係することをすぐに理解することができました。]

幸一: ありがとう。でも，これは見なかったことにしよう。れいがしてくれたことは一生忘れないよ。絶対に。

> [そう言って，幸一君はノートを元の位置に戻し，教室を出ようとしたとき3年

---
[8]第2話参照

1組の生徒達は教室に戻ってきました。]

石原: れいちゃん、るいちゃんどこにもいないよ。

れい: おかしいわ。探せるところはすべて探したと思うけど。

　　[教室内は混乱した様相がいっそう増幅していきました。]

石原: ねぇ、証先生に言った方がいいんじゃない?

金田: それが…

れい: それがどうしたの? 金田君。

金田: それが、証先生もいないんだよ。職員室にいた先生の話では、少し前までいたと言うんだけど急に席を立ったまま帰って来ないっていうんだ。

石原: え? 証先生までいないの。なぜ?

　　[教室内がさらに混乱していきました。このとき3年1組の生徒達はこの1年で困ったときによく校長先生を頼っていたことを思い出しました。]

月島: 最後は校長先生に相談するしかないんじゃないかな。

幸一: そうか、校長室はまだ行っていないよね。るいは校長室にいるかも。

れい: そうよね。みんなで校長室に行きましょう。

★　　　　　★

　みんなは急いで校長室に向かいました。大勢で移動するその様子は屋上に通じる階段にいた証先生から見ることができました。

　そのころ屋上で中村先生がるいさんにやさしく語りかけていました。

★　　　　　★

中村先生: あそこに陸上のトラックが見えるだろ。今あそこに陸上部の4人の生徒がトラックを速く走ろうと競っているよな。

るい: はい。みんな一緒に走っている人に負けまいとして走っているように見えます。

中村先生: そうだろ。それで、もしもあの練習が1人ずつ走るものだとしたら彼らは今ほど速く走れるようになっていただろうか。

　　[るいさんは少し考えてから言いました。]

るい: 無理だと思います。一人だと負けまいとしません。だから必死になりません。

中村先生: その通りだよ。一緒に競う相手がいたからこそ彼らはあそこまで速く走れるようになったんだよ。

るい: そうですね。

[中村先生の視線は校庭からるいさんの方に向きました。]

中村先生: じゃあ, 今の君の学力が高校3年間でここまで伸びたことについてはどう思う?

るい: それも, 一緒に競った仲間がいたから……, あっ!

★　　　　★

そのころ, 幸一君達は校長室の前に来ました。中には校長先生の他にだれかいて話をしているようですが, かまわずノックしました。
コンコンという扉をたたく音の後, 扉の向こう側から校長先生の声がしました。

★　　　　★

発飛校長: はい, どうぞ。

幸一: 失礼します。先生, 3年1組の福川るいはこちらに来てませんか。

発飛校長: 来てませんよ。

[校長先生のそばには一人の女の人がいました。幸一君には見覚えのあるその人がだれであるかはすぐにわかりました。]

発飛校長: あっ, 紹介しましょう。去年の卒業生の福田幸子さんだ。

福田: こんにちは。でも, みなさん何か様子が変ね。何かあったの?

幸一: あ, こんにちは。いつかの卒業生ですね。

福田: あ, 君! あのとき一緒にいた女の子もいるのかしら。

[幸一君は首を横に振りました。幸一君は今度は校長先生の方を向いて言いました。]

幸一: 校長先生, その福川るいが消息不明なんです。かなり落ち込んでいたからもしかすると…って。

発飛校長: 詳しく話してもらえませんか。

[幸一君達はことの経緯を詳しく説明し始めました。]

★　　　　　★

[そのころ, 屋上で]

るい: 私, 3年1組のみんなと「競った」というつもりはなかったです。でも, 今までに幸一だけには負けたくないと思って頑張ってきた。積君みたいによくできる人を見て, あそこまでにはなれなくてもどうやったら近づけるかなと思ってきました。今成君にだまされないようにいっぱいいろいろなことを知っておこうと努力してきたつもりです。これってみんながいたからなんですね, 先生。

中村先生: その通りだよ。高校生活に限らずスポーツの世界でも一緒に競う相手は大切なんだ。そして, 一緒に競ってきた者同士は, その中で自分だけよい目を見ようとする人はほとんどいないんじゃないかな。特に君達のクラスならば, むしろ「みんなで目標を達成しよう」とそれぞれの人が思っているはずだよ。先生はそのような仲間達が君に害を与えることは考えにくいんだ。今, もう一度冷静になって考えてごらん。どこかでボタンをかけ違えていないかい?

るい: 私, 最近つねに追い詰められているような感じがして…, 今, 冷静に考えてみると…, むしろ今まで一緒に頑張ってくれた仲間達に感謝しなければならないかもしれないです。

[この様子を物置の中から見ていた今成君は考えました。]

今成: そうだよな。これまで俺の偉そうな態度を許容してくれた仲間がいたから俺は今まで…

[今成君がそう考えていたとき, 今成君のあとを追ってきた証先生が屋上の扉を開けていました。証先生は, 今の中村先生とるいさんの話をすべて聞いていたようで, るいさんに向かって言いました。]

証先生: あなたと同じように, あなたに感謝したいと思ってきた人達も大勢いるでしょう。

るい: あっ, 証先生。

証先生: 福山君の場合は, 宇宙に関わる研究をしたいという夢に向かって努力はしてきましたが, それだけではなく, るいさん, 今成君に負けまいと努力してきまし

た。福川れいさんの場合は幸一君やあなたを陰から控えめに応援してあげたいと思い、かなり努力してうちのクラスでは最も伸びた生徒になりました。これはあなたのおかげでもあるのですよ。

るい: え, れいが?

証先生: れいさんは自分のしていることがおせっかいであると考えて、まわりの人に知られたくなかったようですよ。

るい: あたし達, 双子の姉妹なのに…

証先生: 福川さん, 他の皆さん達も校長室であなたのことを心配してますよ。行ってあげてください。

るい: え? 私のことを? みんなが?

証先生: ええ。

るい: (決然とした口調で) はいわかりました。

[るいさんは急いで校長室に向かいました。ついで証先生は物置に向かって言いました。]

証先生: そこにいる今成君。あなたもみんなの待っている校長室に行ってみたらどうですか?

[今成君は照れくさそうに物置から出て、軽く挨拶をして屋上から小走りに出て行きました。屋上は証先生と中村先生だけになりました。]

証先生: 中村先生, ありがとうございます。

中村先生: さすが証先生の育てた生徒達ですね。春の時点と比べて心も体も大きく成長していますよ。

証先生: ええ。私もそう感じてきたところなんです。

★　　　　★

[そのころ校長室で]

発飛校長: 積君, それは無理ですよ。一般の関数で $\lim_{x \to a} f'(x) = f'(a)$ が成り立たない場合があるということは、今の高校生には無理ですね。なぜなら、成り立たない例に出会うことはほとんどないですからね。

積: だからといって,「使ってよい」とはなりませんよね。正しい事実ではないのですから。

発飛校長: まあ,そうですね。ただ,お手柔らかに言ってあげないと傷つく人もいるということですよ。

幸一: でも積君って最後まですごいね。そんなことまで知っているなんて。ホント,尊敬するよね。僕弟子入りしたいくらいだよ。

発飛校長: 福山君,そのような考えはいけない。確かに,勉強ができることはその人間の一つのとりえではある。しかしそれは人間を評価する多くの基準の中の一つにすぎないのですよ。

　私が大学生だった1970〜80年代はね,今よりもずいぶんと厳しい競争の中で大学に進学したものでした。その中で東大に優秀な成績で入った人にはね,小さいころから勉強さえできれば多少のことは許されると考える人達も少なくなかった。

福田: 勉強ができるってことが唯一の価値観ってことですね。私が通っている大学にもときどきそういう人います。

発飛校長: そう,勉強ができることだけがよいことであるという価値観しかもたないのです。しかし,優秀な人間が集まる東大では,小学校,中学校,高校まではまわりに自分より勉強のできる人間がいない人であっても,東大に入ったらそうはいかない人が大半だったんですね。

幸一: それはそうだろうなあ。

発飛校長: 今まで,勉強ができることが唯一の価値観であり,勉強ができれば何をしても許されると考えていた人間が,初めて自分より優秀な人間に出会ったときその人間はどうなると思いますか。

日浦: わかりませんよ。だってそのような人って私と別次元の人ですから。

発飛校長: それはね,自分より優秀な人間に対して,尊敬の念で接する程度ならまだよいのですが,服従とも見られるような接し方になることがあるのです。かばん持ちとか,使いっ走りとか,自分の下宿に土足で入り込んできても(自分より勉強のできる人間には)文句が言えないとか,あるいは,自分の彼女をとられても逆らえないなんていう例も見たことがあります。しかも本人はそのような幸せな状態になっていることに気がつかない。一方で,自分より勉強ができないと

見られる人には横柄な態度をとるのです。私はみなさんにはそのような人間になってほしくはないのです。

幸一: 校長先生，それに当てはまる人は積君くらいだし。大丈夫ですよ。そんな横柄にはなりませんから。

れい: 幸一は勉強のできる人の奴隷になるなってことじゃないの？

幸一: ならない，ならないって。

[そのとき，廊下を走る音が聞こえ，校長室をノックしてるいさんが入ってきました。]

るい: みんな！ 心配かけてごめんね！

幸一: るい！

れい: るい，戻ってきたのね。よかった。

るい: みんながいるおかげで，今まで頑張れたよ。いよいよ，緊張するときが近づいてきたけど，あと少し 今までどおり競い合って頑張っていきたいの。みんなと競い合って頑張っていれば怖くはないわ。

幸一: そうだよ。怖くはないっていうか，僕はやってやるぞって感じだよ。

[少したって今成君も校長室にやって来ました。今成君はわざとらしく言いました。]

今成: みんなここにいたのか。探したぜ。

火野: そういえば，今成君も行方不明だったんじゃない？ さっきから姿が見えなかったわ。(笑)

水上: 私も今気がついたわ。

今成: (ちょっとあせって) あっ，いやちょっとね。

日浦: あれーっ。最近元気がなかった今成君だけど今日は明るいわね。

[れいさんは今成君の姿を見て少しだけ安心した表情になりました。今成君とれいさんは目が合いましたが，それ以上は会話はしませんでした。会話が落ち着いたところで，今度は福田さんがみんなに向かって話を始めました。]

福田: 私からもひとこと言わせてくれる。

れい: どうぞ。どんなことですか？

福田: もしかして，みんなに役に立つかと思うことがあるのよ。

幸一: 福田さんの言うことはこれまでも僕には役立ってますよ。(笑)

福田: よかったわ。それで，去年，私が入試を受けたときの経験から思うことがあるのね。

幸一: はい。

福田: 去年，私は試験のときに普段の実力がすべて出せるっていうのはとっても難しいことだと感じたの。私の場合は，模試のときも本番のときも1つ2つは普段できるような問題ができなかったわ。

るい: 私もそうなんです。それで，そういうときに何かいい方法ってあるのですか？

福田: (首を横に振って) ううん。わからないわ。で，私が言いたいのは，そのようなことがあってもあせらずに普段通りにいられる「強さ」が必要なのかなって思ったの。

幸一: ?? よくわからないなあ。

福田: たとえば，フィギュアスケートの大会で3回転ジャンプなどに失敗するとそれを引きずる人とかいるでしょ。あれがもったいないのよ。「強い人」は1回の失敗があっても何事もなかったように演技を続けるでしょ。でも「強くない人」は，その1回の失敗をその後の演技中に気にして，さらに別のミスを起こしてしまうのよ。

[その話を聞いて，ピアノの上手な石原さんが喋りだしました。]

石原: 同じことがピアノの演奏会やコンクールなどでもあるわ。普段間違えないようなところをミスタッチをすると，その後あせるなどで急にテンポが速くなったり，演奏が雑になったりするの。その息づかいは聴衆にもわかってしまうのね。私はいつも，「さっきのミスなんかは気にしないで，その後の演奏をしっかりやりとげて」と思っているけど。

福田: そうそう，そういうことよ。つまりね，試験のときは多少は予期せぬ間違いをしたり普段できていたようなことができないかもしれないの。で，そのような

ミスが1つ2つ起ってしまうことは仕方のないかもしれない。でも、そのミスを気にして、あせってしまって、第2、第3のミスが連鎖的に起ってしまうことは絶対に避けたいのよね。ミスから生まれるミスをしないように、これが私がみなさんに言いたいことなの。

[福田さんの言葉は特にるいさんには響いたようです。]

るい: ありがとうございます。今までの私のだめだったときがそうだったかもしれません。そういうふうに気をつければいいんですね！

[話が収束して最後に校長先生が言いました。]

発飛校長: さて、みなさん。いつまでもここで時間をつぶしていてはだめですよ。最後までしっかりと頑張りましょう。

★　　　　　★

校長室に集まっていた3年1組の生徒達は退室して各自下校していきました。幸一君とるいさんとれいさんも校長先生にお礼を言い、3人で一緒に校長室を退出しました。

3人が玄関まで来たとき、2年生の福島解君と福本答子さんの会話が聞こえました。

★　　　　　★

福島: 3次方程式にはさ、解と係数の関係ってあるだろ。実はさ、4次方程式にも解と係数の関係があるって今日わかったんだよ。答子は知ってた？

福本: えー、そうなの？知らなーい。だって習ってないもん。

福島: 数学はさ、習ってなくても、今まで勉強したことから類推しなきゃって先生言ってたじゃん。

福本: そんなの私にはまだ難しいわ。

福島: こんなことで難しいなんて言ってられないって。先生が、3年生になったらもっと勉強が厳しくなるって言ってたよ。

福本: どういうこと？

福島: 例えば、数学なんてのは、知識があるだけじゃだめだって。

福本: ふぅーん。3年生になりたくないなあ。

　　　　　　　　　　　★　　　　　　　　★

その会話を3人は聞いていました。

　　　　　　　　　　　★　　　　　　　　★

るい: 2年生って幸せね。4次方程式の解と係数の関係があるって知っただけであそこまで感動できるんだものね。私達も1年前はあーだったのかな。

れい: うん。言っていることが可愛く聞こえる。

幸一: この1年間, 僕達, 頑張ったものね。あの2年生の会話が幸せに思えるってことは進歩したってことじゃない。

れい: 確実に進歩したわよ。さ, 行きましょ。

[3人は玄関から外に出ました。音楽室で弾いている石原さんのピアノの音が校庭に響いていました。]

るい: 彩ちゃんのピアノを聴くのも後何回かしらね。

れい: 今日の彩ちゃんのピアノを聴くとクリスマスを思い出したわ。

幸一: そうか。もうすぐクリスマスだったんだ。すっかり忘れてた。

るい: さあ、最後まで頑張ろうね。

幸一: うん。じゃ、僕はここで。さようなら。

るい・れい: さようなら。

★　　　　　★

3人は帰路につき、道行く人々の中に混じり見えなくなりました。

　今まで、私達の物語を読んでいただきありがとうございました。まだ、国公立の2次試験まで少し時間がありますが、今までの教訓を活かし最後まで頑張りたいと思います。来年の4月には大学生になって、本当の意味での「幸せ物語」を作っていけるように努力します。
　それでは、皆さん今までお付き合いいただきありがとうございます。

さようなら。

20XX年12月　福山幸一・福川るい・福川れい

—— 幸せ物語　完 ——

付録
本文に関する内容の補足と解説

　ここでは，本編の中で用いられた用語，定理等の解説および話の中で触れられている数学の内容について説明します。

第 10 話　これなら大丈夫

1 本文の中にある問題の解答

【問題 10 - 1 】
　△ABC に対し,
$$\vec{p} = (\vec{AB} \cdot \vec{BC})\vec{CA} + (\vec{BC} \cdot \vec{CA})\vec{AB} + (\vec{CA} \cdot \vec{AB})\vec{BC}$$
とする。ここで, $(\vec{x} \cdot \vec{y})$ は 2 つのベクトル $\vec{x}, \vec{y}$ の内積を表す。$\vec{p} = \vec{0}$ であるとき △ABC はどのような三角形か。

解答

$\vec{p}$ を 2 つのベクトル $\vec{AB}$ と $\vec{AC}$ の 1 次結合で表すと,

$$\vec{p} = \{\vec{AB} \cdot (\vec{AC} - \vec{AB})\}(-\vec{AC}) + \{(\vec{AC} - \vec{AB}) \cdot (-\vec{AC})\}\vec{AB} - (\vec{AC} \cdot \vec{AB})(\vec{AC} - \vec{AB})$$
$$= (2\vec{AB} \cdot \vec{AC} - |\vec{AC}|^2)\vec{AB} + (|\vec{AB}|^2 - 2\vec{AB} \cdot \vec{AC})\vec{AC}$$

となる。$\vec{AB}$ と $\vec{AC}$ は 1 次独立だから $\vec{p} = \vec{0}$ であることより,

$$\begin{cases} 2\vec{AB} \cdot \vec{AC} - |\vec{AC}|^2 = 0 \\ |\vec{AB}|^2 - 2\vec{AB} \cdot \vec{AC} = 0 \end{cases}$$

すなわち,

$$\begin{cases} |\vec{AC}|^2 = 2\vec{AB} \cdot \vec{AC} & \cdots\cdots ① \\ |\vec{AB}|^2 = 2\vec{AB} \cdot \vec{AC} & \cdots\cdots ② \end{cases}$$

が成り立つ。したがって, $|\vec{AB}| = k\ (k > 0)$ とおくと ①, ② より,

$$\vec{AB} \cdot \vec{AC} = \frac{k^2}{2}, \quad |\vec{AC}| = k$$

なるので,

$$\cos \angle BAC = \frac{\vec{AB} \cdot \vec{AC}}{|\vec{AB}||\vec{AC}|}$$
$$= \frac{\frac{k^2}{2}}{k^2}$$
$$= \frac{1}{2}$$

$$\therefore \quad \angle \mathrm{BAC} = 60°$$

である。

以上より, 三角形 ABC は AB = AC ($=k$), $A = 60°$ である三角形であるから正三角形である。

【問題 10 - 2】
$f(x) = x^3 - 6x^2 + 9x$ とする。$0 < m < 9$ のとき $y = f(x)$ のグラフと直線 $y = mx$ で囲まれる部分は 2 つあるが, その 2 つの部分の面積が等しくなるような m の値を求めよ。

解答

$0 < m < 9$ のとき, $y = f(x)$ のグラフと直線 $y = mx$ の交点の x 座標は, 方程式

$$x^3 - 6x^2 + 9x = mx$$

の解であり, これを解くと

$$x\{x^2 - 6x + (9-m)\} = 0$$

$$x = 0, 3 \pm \sqrt{m}$$

となる。

また, $y = f(x)$ と $y = mx$ は右の図のようになるから, 囲まれる 2 つの部分の面積が等しいことより,

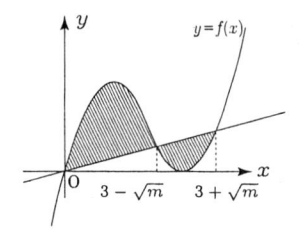

$$\int_0^{3-\sqrt{m}} (f(x) - mx)\, dx = \int_{3-\sqrt{m}}^{3+\sqrt{m}} (mx - f(x))\, dx$$

が成り立つ。これを満たす m を求めると,

$$\int_0^{3-\sqrt{m}} (f(x) - mx)\, dx - \int_{3-\sqrt{m}}^{3+\sqrt{m}} (mx - f(x))\, dx = 0$$

$$\int_0^{3-\sqrt{m}} (f(x) - mx)\, dx + \int_{3-\sqrt{m}}^{3+\sqrt{m}} (f(x) - mx)\, dx = 0$$

$$\int_0^{3+\sqrt{m}} (f(x) - mx)\, dx = 0 \qquad \cdots\cdots ①$$

$$\int_0^{3+\sqrt{m}} \{x^3 - 6x^2 + (9-m)x\}\, dx = 0$$

$$\frac{1}{4}(3+\sqrt{m})^4 - 2(3+\sqrt{m})^3 + \frac{1}{2}(9-m)(3+\sqrt{m})^2 = 0$$

$(9 - m = (3 + \sqrt{m})(3 - \sqrt{m})$ に注意して $(3 + \sqrt{m})^3$ で割ると)

$$\frac{1}{4}(3+\sqrt{m}) - 2 + \frac{1}{2}(3-\sqrt{m}) = 0$$

$$-\frac{1}{4}\sqrt{m} + \frac{1}{4} = 0$$

$$\therefore \quad m = 1$$

となり，これは $0 < m < 9$ を満たす．

$$m = 1 \quad \cdots\cdots \text{(答)}$$

【問題 10 - 3 】

$A = \begin{pmatrix} 1 & 2 \\ 4 & 0 \end{pmatrix}$, $X = \begin{pmatrix} x & y \\ z & w \end{pmatrix}$ とする．このとき，$AX = XA$ であれば $X = pA + qE$ (p, q は実数) と表せることを示せ．ただし，$E = \begin{pmatrix} 1 & 0 \\ 0 & 1 \end{pmatrix}$ である．

解答

$$AX = \begin{pmatrix} 1 & 2 \\ 4 & 0 \end{pmatrix}\begin{pmatrix} x & y \\ z & w \end{pmatrix} = \begin{pmatrix} x+2z & y+2w \\ 4x & 4y \end{pmatrix}$$

$$XA = \begin{pmatrix} x & y \\ z & w \end{pmatrix}\begin{pmatrix} 1 & 2 \\ 4 & 0 \end{pmatrix} = \begin{pmatrix} x+4y & 2x \\ z+4w & 2z \end{pmatrix}$$

であるから，$AX = XA$ より，

$$\begin{cases} x + 2z = x + 4y & \cdots\cdots \text{①} \\ y + 2w = 2x & \cdots\cdots \text{②} \\ 4x = z + 4w & \cdots\cdots \text{③} \\ 4y = 2z & \cdots\cdots \text{④} \end{cases}$$

が成り立つ．

① より $z = 2y$ となりこれは ④ と同値．また，$z = 2y$ を ③ に代入すると ② × 2 が得られることから，① かつ ② かつ ③ かつ ④ は

$z = 2y$ かつ $2x = y + 2w$

と同値である。$2x = y + 2w$ は $x = \dfrac{1}{2}y + w$ となることから

$$X = \begin{pmatrix} \dfrac{1}{2}y + w & y \\ 2y & w \end{pmatrix}$$

$$= \dfrac{y}{2}\begin{pmatrix} 1 & 2 \\ 4 & 0 \end{pmatrix} + w\begin{pmatrix} 1 & 0 \\ 0 & 1 \end{pmatrix}$$

$$= \dfrac{y}{2}A + wE$$

と表せる。$p = \dfrac{y}{2}$, $q = w$ とおくことで

$$X = pA + qE$$

となるから、これで題意が示された。

第 11 話　暗中模索

$\boxed{1}$　2^{100} の最高位の数について

$2^{100} = 10^x$ とおくと,

$$x = \log_{10} 2^{100}$$
$$= 100 \log_{10} 2$$

である。ここで, $\log_{10} 2 = 0.3010$ とすると,

$$x = 100 \times 0.3010$$
$$= 30.10$$

となり, これによって,

$$2^{100} = 10^{30.10}$$
$$= 10^{30} \cdot 10^{0.10} \qquad\qquad \cdots\cdots ①$$

と表せる。

ここで, $10^{0.10}$ は,

$$10^0 < 10^{0.10} < 10^{0.3010}$$
$$\therefore\ 1 < 10^{0.10} < 2$$

を満たすので ① より,

$$1 \times 10^{30} < 2^{100} < 2 \times 10^{30}$$

と表せる。よって, 2^{100} の最高位の数は 1 である。

[注]

1°　$\log_{10} 2$ の値は,

$$\log_{10} 2 = 0.3010299956639811952137\cdots$$

と続く無理数である。高校数学では $\log_{10} 2 = 0.3010$ (等式!) として計算することが多い。近似値を等式で書くことが気になったからなのかどうかはわからないが, 近似値ではなく, $0.301 < \log_{10} 2 < 0.3011$ が与えられることもある。この場合は,

$$10^{0.301} < 2 < 10^{0.3011}$$

より,

$$10^{30.1} < 2^{100} < 10^{30.11}$$
$$\therefore \quad 10^{0.1} \times 10^{30} < 2^{100} < 10^{0.11} \times 10^{30}$$

となり,

$10^{0.1} > 1$
$10^{0.11} < 10^{0.3010} < 2$

であることから,

$$1 \times 10^{30} < 2^{100} < 2 \times 10^{30}$$

がいえる。

2°　2^n $(n = 1, 2, 3, \cdots, 100)$ の値は次のページの表のようになる。

n	2^n
1	2
2	4
3	8
4	16
5	32
6	64
7	128
8	256
9	512
10	1024
11	2048
12	4096
13	8192
14	16384
15	32768
16	65536
17	131072
18	262144
19	524288
20	1048576
21	2097152
22	4194304
23	8388608
24	16777216
25	33554432

n	2^n
26	67108864
27	134217728
28	268435456
29	536870912
30	1073741824
31	2147483648
32	4294967296
33	8589934592
34	17179869184
35	34359738368
36	68719476736
37	137438953472
38	274877906944
39	549755813888
40	1099511627776
41	2199023255552
42	4398046511104
43	8796093022208
44	17592186044416
45	35184372088832
46	70368744177664
47	140737488355328
48	281474976710656
49	562949953421312
50	1125899906842624

n	2^n
51	2251799813685248
52	4503599627370496
53	9007199254740992
54	18014398509481984
55	36028797018963968
56	72057594037927936
57	144115188075855872
58	288230376151711744
59	576460752303423488
60	1152921504606846976
61	2305843009213693952
62	4611686018427387904
63	9223372036854775808
64	18446744073709551616
65	36893488147419103232
66	73786976294838206464
67	147573952589676412928
68	295147905179352825856
69	590295810358705651712
70	1180591620717411303424
71	2361183241434822606848
72	4722366482869645213696
73	9444732965739290427392
74	18889465931478580854784
75	37778931862957161709568

n	2^n
76	75557863725914323419136
77	151115727451828646838272
78	302231454903657293676544
79	604462909807314587353088
80	1208925819614629174706176
81	2417851639229258349412352
82	4835703278458516698824704
83	9671406556917033397649408
84	19342813113834066795298816
85	38685626227668133590597632
86	77371252455336267181195264
87	154742504910672534362390528
88	309485009821345068724781056
89	618970019642690137449562112
90	1237940039285380274899124224
91	2475880078570760549798248448
92	4951760157141521099596496896
93	9903520314283042199192993792
94	19807040628566084398385987584
95	39614081257132168796771975168
96	79228162514264337593543950336
97	158456325028528675187087900672
98	316912650057057350374175801344
99	633825300114114700748351602688
100	1267650600228229401496703205376

第 12 話　宝の持ち腐れ

1　本文の中にある問題の解答

【問題 12 - 3 】

2 次の正方行列 $A = \begin{pmatrix} a & 1 \\ c & d \end{pmatrix}$ に対して, 以下の問いに答えよ. ただし, a, c, d は実数, E は単位行列 $\begin{pmatrix} 1 & 0 \\ 0 & 1 \end{pmatrix}$ を表す.

(1) $A^2 = (a+d)A - (ad-c)E$ が成り立つことを示せ.

(2) $A^3 = E$ であるとき, c および d を a を用いて表せ.

(3) $A^4 = E$ かつ $A^2 \neq E$ であるとき, c および d を a を用いて表せ.

(お茶の水女子大)

解答

(1) $(A - aE)(A - dE) = \begin{pmatrix} 0 & 1 \\ c & d-a \end{pmatrix} \begin{pmatrix} a-d & 1 \\ c & 0 \end{pmatrix}$

$= \begin{pmatrix} c & 0 \\ 0 & c \end{pmatrix}$

∴ $A^2 - (a+d)A + adE = cE$

よって,

$$A^2 = (a+d)A - (ad-c)E$$

が成り立つ. これで示された.

(2) $a + d = p, ad - c = q$ とおくと (1) より

$$A^2 = pA - qE$$

これを用いると

$A^3 = AA^2 = A(pA - qE) = pA^2 - qA$
$= p(pA - qE) - qA$
$= (p^2 - q)A - pqE$

であるから

$$A^3 = E \iff (p^2 - q)A - pqE = E$$
$$\therefore \quad (p^2 - q)A = (pq + 1)E \qquad \cdots\cdots ①$$

である。

ここで, $p^2 - q \neq 0$ とすると, ① より $A = \dfrac{pq+1}{p^2-q} E$ となるが, A は E の実数倍にはなりえない[9]ので $p^2 - q \neq 0$ であることはない。したがって,

$$p^2 - q = 0 \qquad \cdots\cdots ②$$

である。このとき ① より,

$$pq + 1 = 0 \qquad \cdots\cdots ③$$

である。一方, ② より $q = p^2$ であり, これを ③ に代入すると

$$p^3 + 1 = 0 \quad \therefore \quad p = -1 \quad (p \text{ は実数なので})$$

このとき, ② より $q = 1$ である。

$p = -1$ より $a + d = -1$
$$\therefore \quad d = -a - 1 \qquad \cdots\cdots \text{(答)}$$

$q = 1$ より $ad - c = 1$ であるから

$$c = ad - 1$$
$$= a(-a - 1) - 1$$
$$= -a^2 - a - 1 \qquad \cdots\cdots \text{(答)}$$

である。

(3) (2) と同様に $a + d = p$, $ad - c = q$ とおくと

$$A^2 = pA - qE \qquad \cdots\cdots ④$$

さらに, ④ の両辺を 2 乗して

$$A^4 = (pA - qE)^2$$
$$= p^2 A^2 - 2pqA + q^2 E$$
$$= p^2(pA - qE) - 2pqA + q^2 E \quad (\because \ ④)$$
$$= (p^3 - 2pq)A - (p^2 q - q^2)E$$

となるから, $A^4 = E$ より

---

[9] 行列 A の $(1,2)$ 成分が 1 であるから A は E の実数倍ではない。

$$(p^3 - 2pq)A - (p^2q - q^2)E = E$$
$$\therefore \quad (p^3 - 2pq)A = (p^2q - q^2 + 1)E \qquad \cdots\cdots ⑤$$

である。

ここで, $p^3 - 2pq \neq 0$ とすれば, ⑤ の両辺を $p^3 - 2pq$ で割ることで
$$A = \frac{p^2q - q^2 + 1}{p^3 - 2pq}E$$
となり, これは A が単位行列の実数倍でないことに反する。したがって,
$$p^3 - 2pq = 0 \qquad \cdots\cdots ⑥$$
$$p(p^2 - 2q) = 0$$
$$\therefore \quad p = 0 \ \text{または} \ p^2 - 2q = 0$$

また, ⑤ より
$$p^2q - q^2 + 1 = 0 \qquad \cdots\cdots ⑦$$

である。

(i) $p = 0$ のとき

⑦ より $-q^2 + 1 = 0$ なので

$q = \pm 1$

ここで, $(p, q) = (0, -1)$ のときは ④ より $A^2 = E$ となり $A^2 \neq E$ に反する。

$(p, q) = (0, 1)$ のときは ④ より $A^2 = -E$ となるから, $A^2 \neq E$ を満たす。

(ii) $p^2 - 2q = 0$ のとき

$p^2 = 2q$ を ⑦ に代入して
$$2q^2 - q^2 + 1 = 0 \qquad \therefore \quad q^2 + 1 = 0$$
となり, これを満たす実数 q は存在しない。

(i), (ii) より $A^4 = E$ かつ $A^2 \neq E$ のとき
$$p = 0, \quad q = 1$$
$$\therefore \quad a + d = 0, \quad ad - c = 1$$
であるから,
$$d = -a \qquad \cdots\cdots (答)$$
$$c = ad - 1$$
$$ = a(-a) - 1$$

$$= -a^2 - 1 \qquad \cdots\cdots \text{(答)}$$

である。

【問題 12 − 4 】

極限値 $\displaystyle\lim_{n\to\infty} \int_0^{\frac{\pi}{2}} \frac{\sin^2 nx}{1+x}\, dx$ を求めよ。

解答 1 （n を自然数と考えたときの解答）

$I_n = \displaystyle\int_0^{\frac{\pi}{2}} \frac{\sin^2 nx}{1+x}\, dx$ とおく。半角の公式より，$\sin^2 nx = \dfrac{1 - \cos 2nx}{2}$ であるから，

$$I_n = \int_0^{\frac{\pi}{2}} \frac{1 - \cos 2nx}{2(1+x)}\, dx$$
$$= \frac{1}{2}\left\{ \int_0^{\frac{\pi}{2}} \frac{1}{1+x}\, dx - \int_0^{\frac{\pi}{2}} \frac{\cos 2nx}{1+x}\, dx \right\} \qquad \cdots\cdots ①$$

ここで，

$$\int_0^{\frac{\pi}{2}} \frac{1}{1+x}\, dx = \Big[\log(1+x) \Big]_0^{\frac{\pi}{2}} = \log\left(1 + \frac{\pi}{2}\right)$$

である。また，$J_n = \displaystyle\int_0^{\frac{\pi}{2}} \frac{\cos 2nx}{1+x}\, dx$ とおくと，部分積分法を用いて，

$$J_n = \left[\frac{\sin 2nx}{2n(1+x)} \right]_0^{\frac{\pi}{2}} - \frac{1}{2n}\int_0^{\frac{\pi}{2}} \left\{ -\frac{1}{(1+x)^2} \right\} \sin 2nx\, dx \qquad \cdots\cdots (\star)$$
$$= \frac{1}{2n}\int_0^{\frac{\pi}{2}} \frac{\sin 2nx}{(1+x)^2}\, dx$$

と表せるが，$0 \leqq x \leqq \dfrac{\pi}{2}$ のとき $0 \leqq \dfrac{\sin 2nx}{(1+x)^2} \leqq 1$

であるから，

$$\frac{1}{2n}\int_0^{\frac{\pi}{2}} 0\, dx \leqq J_n \leqq \frac{1}{2n}\int_0^{\frac{\pi}{2}} 1\, dx$$
$$\therefore \quad 0 \leqq J_n \leqq \frac{1}{2n}$$

である。さらに, $\lim_{n\to\infty} \dfrac{1}{2n} = 0$ であるのではさみうちの原理より,
$$\lim_{n\to\infty} J_n = 0$$
である。

したがって, ① より
$$\lim_{n\to\infty} I_n = \lim_{n\to\infty} \dfrac{1}{2}\left\{\log\left(1+\dfrac{\pi}{2}\right) - J_n\right\}$$
$$= \dfrac{1}{2}\log\left(1+\dfrac{\pi}{2}\right) \qquad \cdots\cdots \text{(答)}$$
である。

| 解答 2 (n を実数と考えたときの解答) |

この問題の場合は n を自然数から正の実数に変えても, それほど操作が面倒になるわけではない。どこが影響を受けるかというとそれは式 (☆) から次の行にかけての変形である。

n が整数のときは, $\sin n\pi = 0$ であるが, n が整数ではない実数の場合 $\sin n\pi \neq 0$ である。したがって, n を実数としたときの $\lim_{n\to\infty} J_n = 0$ の説明は次のようにするとよい。

$$J_n = \left[\dfrac{\sin 2nx}{2n(1+x)}\right]_0^{\frac{\pi}{2}} - \dfrac{1}{2n}\int_0^{\frac{\pi}{2}}\left\{-\dfrac{1}{(1+x)^2}\right\}\sin 2nx\,dx \qquad \cdots\cdots \text{(☆)}$$
$$= \dfrac{\sin n\pi}{n(2+\pi)} + \dfrac{1}{2n}\int_0^{\frac{\pi}{2}}\dfrac{\sin 2nx}{(1+x)^2}\,dx$$

ここで, $0 \leqq \left|\dfrac{\sin n\pi}{n(2+\pi)}\right| \leqq \dfrac{1}{n(2+\pi)}$ および $\lim_{n\to\infty}\dfrac{1}{n(2+\pi)} = 0$ であることからはさみうちの原理より,

$$\lim_{n\to\infty}\left|\dfrac{\sin n\pi}{n(2+\pi)}\right| = 0 \quad \therefore \quad \lim_{n\to\infty}\dfrac{\sin n\pi}{n(2+\pi)} = 0$$

である。また, n が自然数の場合と同様に $\lim_{n\to\infty}\dfrac{1}{2n}\int_0^{\frac{\pi}{2}}\dfrac{\sin 2nx}{(1+x)^2}\,dx = 0$ がいえるから $\lim_{n\to\infty} J_n = 0$ が成り立つ。このあとは n が自然数の場合と同様にして,

$$\lim_{n\to\infty} I_n = \dfrac{1}{2}\log\left(1+\dfrac{\pi}{2}\right)$$

がいえる。

第 13 話　証先生倒れる

1　本文の中にある問題の解答

【問題 13 - 2 】
　t がすべての正の数をとるとき, xy 平面上の円
$$x^2 + (y-t)^2 = t$$
が通過する範囲を求めよ。

解答

[1]　「通過範囲を求める問題」を「解の配置問題」に言い換える

　t が正の数を動いたときの円 $C_t : x^2 + (y-t)^2 = t$ の通過範囲を W とおく。このとき,
$$(x,y) \in W \iff x^2 + (y-t)^2 = t \text{ かつ } t > 0 \text{ を満たす } t \text{ が存在する}$$
であるから, $(x,y) \in W$ となる (x,y) の条件を求めるには,
$$x^2 + (y-t)^2 = t$$
すなわち,
$$t^2 - (2y+1)t + x^2 + y^2 = 0 \quad \cdots\cdots ①$$
が正の解をもつ (x と y の条件) を求めるとよい。

[2]　t の 2 次方程式 ① が正の解をもつ条件を求める

　① の 2 解の積が $x^2 + y^2 \geqq 0$, つまり ① が異符号の解をもたないことに注目すると, ① が正の解をもつ条件は,

　[1] ① が実数解をもつ

かつ

　[2] ① の 2 解の和が正

である。

[1] については, ① の判別式を D とおくと,
$$D = (2y+1)^2 - 4(x^2 + y^2) \geqq 0$$

$$4y - 4x^2 + 1 \geqq 0$$
$$\therefore \quad y \geqq x^2 - \frac{1}{4} \qquad \cdots\cdots ②$$

である。

[2] について，

$$(2\text{ 解の和が正}) \iff 2y + 1 > 0 \quad \therefore \quad y > -\frac{1}{2}$$

であるが，② が満たされれば $y \geqq -\dfrac{1}{4}$ であるから $y > -\dfrac{1}{2}$ も満たされる。

以上より，求める条件 [1] かつ [2] は ② である。

したがって，円 C_t の軌跡は

不等式 $y \geqq x^2 - \dfrac{1}{4}$ の表す範囲

であり，これを図示すると次のようになる。ただし境界を含む。

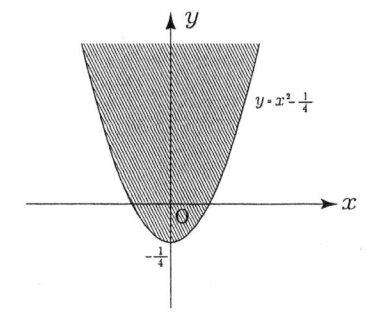

第 14 話　短期的学習と長期的学習

1　「整関数」について

(1) 整関数の本来の定義

　複素平面 (複素数平面) 上で定義された関数 $f(z)$ が複素平面上の任意の点で正則であるとき，すなわち，任意の複素数 ζ に対し微分係数 $f'(\zeta)$ が存在するとき $f(z)$ は整関数 (entire function, integral function) であるという。

　例えば，多項式で表される関数，三角関数，指数関数は整関数である。

(2) 高校数学のおける「整関数」

　高校数学の参考書では「整関数」の意味を「数学 II の微分，積分で学習する際に使われる関数」すなわち，$y = ax^2 + bx + c$ のような「多項式で表される関数」のことを誤って指しているものが少なくない。なぜこのような誤った使われ方をするかというと文部科学省 (当初は文部省) 発行の高等学校指導要領解説の数学編の中で「整関数」という用語が誤って用いられていることによる。

　例えば，平成元年 12 月に発行された高等学校指導要領解説の数学編の 45 ページの 11 ～ 12 行目には次のような記述がある。

> 　ここでは，以上の考えを更に発展させ，原則として三次程度までの整関数を対象として関数の値の変化について学習する。

　このように「整関数」という用語が一般に通用しているかのようにごく「自然に」書かれてある。推測にすぎないが，おそらくこの解説書を書いた方は「整関数」の定義を知らなかったのだろう。そして，この誤った使い方に対しいくつかの抗議を各方面から受けた可能性がある。なぜなら，その 10 年後の平成 11 年 12 月発行の同じ指導要領解説の数学編の 63 ページに次のような記述があるからである。

> 　ここでは，これまでの内容を更に発展，拡充させ，整式で表される関数 (以下「整関数」という。) のうち，三次までのものを対象としてその関数の値の変化などについて考察させる。

　今度は「整関数」について「独自」の定義をしてある。10 年間の間に，少なくとも「整関数」という用語が定義をしなければ理解されない用語であると認識したように思われる。

第 15 話　「知らないこと」と「わからないこと」

$\boxed{1}$　楕円の定義

数学上の楕円の定義は次の通りである。

【楕円の定義】

平面上の異なる 2 点 F_1, F_2 に対し, $PF_1 + PF_2 = 2a$ となる点 P の軌跡を楕円という。ここで, a は $a > \dfrac{1}{2}F_1F_2$ を満たす定数である。

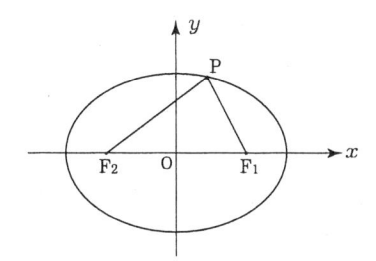

次に, xy 平面上で楕円がどのような方程式で表されるかを求めることにする。

簡単のため, $F_1(-c, 0)$, $F_2(c, 0)$ とし $P(x, y)$ とおく。ここで, $a > c > 0$ である。

まず, $PF_1 + PF_2 = 2a$ より,

$$\sqrt{(x+c)^2 + y^2} + \sqrt{(x-c)^2 + y^2} = 2a \qquad \cdots\cdots ①$$

である。これを根号を含まない同値な条件に書き換えていく。

① は,

$$\sqrt{(x+c)^2 + y^2} = 2a - \sqrt{(x-c)^2 + y^2}$$

となり, これは,

$$(x+c)^2 + y^2 = \{2a - \sqrt{(x-c)^2 + y^2}\}^2 \qquad \cdots\cdots ②$$
$$\text{かつ} \quad 2a - \sqrt{(x-c)^2 + y^2} \geqq 0 \qquad \cdots\cdots ③$$

と同値である。ここで ② は,

$$(x+c)^2 + y^2 = 4a^2 - 4a\sqrt{(x-c)^2 + y^2} + (x-c)^2 + y^2$$

$$\therefore 4a\sqrt{(x-c)^2 + y^2} = 4a^2 - 4cx$$

$$\therefore \quad a\sqrt{(x-c)^2 + y^2} = a^2 - cx$$

となり，これは，
$$a^2\{(x-c)^2+y^2\} = (a^2-cx)^2 \qquad \cdots\cdots ④$$
$$\text{かつ} \quad a^2-cx \geqq 0 \qquad \cdots\cdots ⑤$$
と同値である．さらに ④ は，
$$a^2(x^2-2cx+c^2+y^2) = a^4-2a^2cx+c^2x^2$$
$$\therefore \quad (a^2-c^2)x^2+a^2y^2 = a^2(a^2-c^2)$$
$$\therefore \quad \frac{x^2}{a^2}+\frac{y^2}{a^2-c^2} = 1$$
となり，ここで $b=\sqrt{a^2-c^2}$ とおくと
$$\frac{x^2}{a^2}+\frac{y^2}{b^2} = 1 \qquad \cdots\cdots ⑥$$
となる．

逆に ⑥ のとき，
$$\frac{x^2}{a^2} \leqq 1 \quad \text{より} \quad x^2 \leqq a^2$$
$$\therefore \quad -a \leqq x \leqq a$$
であるから，
$$a^2-cx \geqq a^2-ca > 0 \qquad (\because \quad a > c)$$
となり ⑤ が成り立つ．また，⑥ より，$y^2 = b^2\left(1-\dfrac{x^2}{a^2}\right)$ であるから，

$$(x-c)^2+y^2 = (x-c)^2+b^2\left(1-\frac{x^2}{a^2}\right)$$
$$= \frac{a^2-b^2}{a^2}x^2-2cx+b^2+c^2$$
$$= \frac{c^2}{a^2}x^2-2cx+a^2 \qquad (\because \quad a^2-b^2=c^2)$$
$$= \left(\frac{c}{a}x-a\right)^2$$

よって
$$\sqrt{(x-c)^2+y^2} = \left|\frac{c}{a}x-a\right| = a-\frac{c}{a}x$$
$$\leqq a-\frac{c}{a}(-a) = a+c < 2a$$
となるから ③ も成り立つ．

以上により，

$$\mathrm{PF}_1 + \mathrm{PF}_2 = 2a \iff \frac{x^2}{a^2} + \frac{y^2}{b^2} = 1 \quad (\text{ただし}, b = \sqrt{a^2 - c^2})$$

がいえた。

したがって，$\mathrm{F}_1(-c, 0), \mathrm{F}_2(c, 0)$ のとき，$\mathrm{PF}_1 + \mathrm{PF}_2 = 2a$ を満たす点 P の軌跡 (楕円) の方程式は $\dfrac{x^2}{a^2} + \dfrac{y^2}{b^2} = 1$ であり，逆に $\dfrac{x^2}{a^2} + \dfrac{y^2}{b^2} = 1$ を満たす点 $\mathrm{P}(x, y)$ は $\mathrm{PF}_1 + \mathrm{PF}_2 = 2a$ を満たす。

第 16 話　公式には覚え方がある

[1] 今成君と謎の女子高生の対決について

(その 1)　「log」の約分について

a, b, c は正の数で $a \neq 1, c \neq 1$ とする。

$\log_a b$ とは $a^\square = b$ を満たす□のことである。したがって，「$a^\square = b$」の□に $\log_a b$ を代入した，

$$a^{\log_a b} = b$$

が成り立つ。この両辺の c を底とする対数をとると，

$$\log_c(a^{\log_a b}) = \log_c b$$

となり，左辺に対数の性質を用いると，

$$\log_a b \cdot \log_c a = \log_c b$$

が成り立つ。この左辺を並べ替えて，

$$\log_c a \cdot \log_a b = \log_c b$$

となり 「log の約分」

$$(\log_c \overset{\frown}{a}) \times (\overset{\frown}{\log_a} b) = \log_c b$$

が得られる。

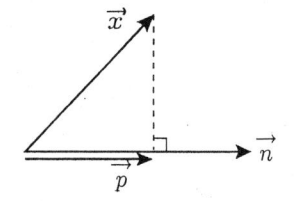

(その 2)　「$\vec{x}$ の $\vec{n}$ 方向の長さ」について

　ベクトル $\vec{x}$ をベクトル $\vec{n}$ 方向に正射影したベクトルを $\vec{p}$ とする。ただし，$\vec{n} \neq \vec{0}$ である。
　ここで，$\vec{p} /\!/ \vec{n}$ であるから，
$$\vec{p} = k\vec{n}$$
とおく。次に，$\vec{p} - \vec{x}$ は $\vec{n}$ と垂直であるから
$$(\vec{p} - \vec{x}) \cdot \vec{n} = 0$$
$$(k\vec{n} - \vec{x}) \cdot \vec{n} = 0$$
$$k|\vec{n}|^2 - \vec{x} \cdot \vec{n} = 0$$
$$\therefore \ k = \frac{\vec{x} \cdot \vec{n}}{|\vec{n}|^2}$$

したがって，
$$\vec{p} = \frac{\vec{x} \cdot \vec{n}}{|\vec{n}|^2} \vec{n}$$
である。これで，$\vec{x}$ を $\vec{n}$ 方向に正射影したベクトルがわかったわけであるが，求めたいのはこのベクトルの大きさなので，
$$\left| \frac{\vec{x} \cdot \vec{n}}{|\vec{n}|^2} \vec{n} \right| = \frac{|\vec{x} \cdot \vec{n}|}{|\vec{n}|^2} |\vec{n}|$$
$$= \frac{|\vec{x} \cdot \vec{n}|}{|\vec{n}|}$$
である。

(その 3)　「不定積分 $\int \sqrt{x^2 + 1}\,dx$」について

$I = \displaystyle\int \sqrt{x^2 + 1}\,dx,\ J = \int \frac{1}{\sqrt{x^2 + 1}}\,dx$ とおき，まず J を求める。

$x + \sqrt{x^2 + 1} = t$ とおく。これは，
$$\sqrt{x^2 + 1} = t - x$$
$$x^2 + 1 = (t - x)^2$$
$$1 = t^2 - 2tx$$

$$\therefore \quad x = \frac{1}{2}\left(t - \frac{1}{t}\right)$$

となるから,

$$dx = \frac{1}{2}\left(1 + \frac{1}{t^2}\right) dt$$
$$= \frac{t^2 + 1}{2t^2} dt$$

である。また,

$$\sqrt{x^2 + 1} = t - x$$
$$= t - \frac{1}{2}\left(t - \frac{1}{t}\right)$$
$$= \frac{t^2 + 1}{2t}$$

であるから,

$$J = \int \frac{1}{\frac{t^2+1}{2t}} \cdot \frac{t^2+1}{2t^2} dt$$
$$= \int \frac{1}{t} dt$$
$$= \log|t| + C$$
$$= \log(x + \sqrt{x^2+1}) + C \quad (\because \quad x + \sqrt{x^2+1} > 0)$$

である。

次に, I を求める。部分積分法より,

$$I = \int 1 \cdot \sqrt{x^2+1}\, dx$$
$$= x\sqrt{x^2+1} - \int x \cdot \frac{x}{\sqrt{x^2+1}} dx$$
$$= x\sqrt{x^2+1} - \int \frac{(x^2+1) - 1}{\sqrt{x^2+1}} dx$$
$$= x\sqrt{x^2+1} - \left(\int \sqrt{x^2+1}\, dx - \int \frac{1}{\sqrt{x^2+1}} dx\right)$$
$$= x\sqrt{x^2+1} - (I - J)$$

したがって,

$$I = \frac{1}{2}(x\sqrt{x^2+1} + J)$$

$$= \frac{1}{2}\left\{x\sqrt{x^2+1} + \log(x+\sqrt{x^2+1})\right\} + C$$

である。■

[注]

$x+\sqrt{x^2+1} = t$ とおいて $\displaystyle\int \frac{1}{\sqrt{x^2+1}}\,dx$ を「経由」しないで直接 $\displaystyle\int \sqrt{x^2+1}\,dx$ を求めることもできる。

$x+\sqrt{x^2+1} = t$ とおくと，先ほどと同じようにして，

$$x = \frac{1}{2}\left(t - \frac{1}{t}\right), \quad dx = \frac{t^2+1}{2t^2}\,dt$$

であるから，

$$\int \sqrt{x^2+1}\,dx = \int (t-x)\,dx$$

$$= \int \frac{1}{2}\left(t + \frac{1}{t}\right) \cdot \frac{t^2+1}{2t^2}\,dt$$

$$= \int \frac{(t^2+1)^2}{4t^3}\,dt$$

$$= \frac{1}{4}\int \left(t + \frac{2}{t} + \frac{1}{t^3}\right)dt$$

$$= \frac{1}{4}\left(\frac{1}{2}t^2 + 2\log t - \frac{1}{2}\cdot\frac{1}{t^2}\right) + C$$

$$= \frac{1}{8}\left\{(x+\sqrt{x^2+1})^2 - \frac{1}{(x+\sqrt{x^2+1})^2}\right\} + \frac{1}{2}\log(x+\sqrt{x^2+1}) + C$$

$$= \frac{1}{8}\left\{(x+\sqrt{x^2+1})^2 - (\sqrt{x^2+1}-x)^2\right\} + \frac{1}{2}\log(x+\sqrt{x^2+1}) + C$$

$$= \frac{1}{8}\cdot 4x\sqrt{x^2+1} + \frac{1}{2}\log(x+\sqrt{x^2+1}) + C$$

$$= \frac{1}{2}\{x\sqrt{x^2+1} + \log(x+\sqrt{x^2+1})\} + C \quad ■$$

(その 4)　「三角形の通過部分の体積」について

まずはこの問題を「素直」に解いてみよう。問題は次のようなものである。

xyz 空間内に 3 点 A(1,0,3), B(2,2,0), C(2,−2,0) を頂点とする三角形 ABC を作る。ただし，三角形は内部も含むものとする。この三角形 ABC を z 軸のまわりに 1 回転したときに通過する部分の体積を求めよ。

解答

辺 AB, AC と平面 $z = k$ $(0 \leqq k \leqq 3)$ との交点をそれぞれ P, Q とする。また，PQ の中点を R，P から z 軸におろした垂線の足を H(0,0,k), BC の中点を M(2,0,0) とする。

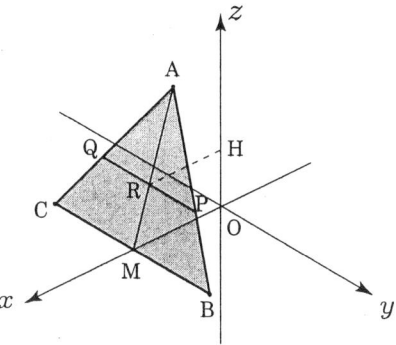

三角形 ABC を z 軸のまわりに 1 回転させてできる立体 K を平面 $z = k$ で切った断面は，三角形 ABC を $z = k$ で切った切り口である線分 PQ を z 軸のまわりに 1 回転してできる次の図のような輪である。

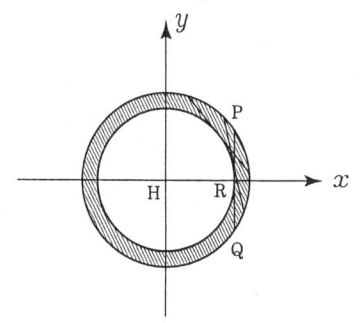

この和の面積を $S(k)$ とおくと,

$$\begin{aligned} S(k) &= \pi \mathrm{PH}^2 - \pi \mathrm{RH}^2 \\ &= \pi (\mathrm{PH}^2 - \mathrm{RH}^2) \\ &= \pi \mathrm{PR}^2 \end{aligned}$$ ……①

である。ここで, 三角形 APR と三角形 ABM が相似であることから,

$$\mathrm{PR} : \mathrm{BM} = \mathrm{AR} : \mathrm{AM}$$ ……②

であり, 線分 AR と AM の長さの比は A と R, A と M の z 座標の差を考えて, $\mathrm{AR} : \mathrm{AM} = 3 - k : 3$ であるから, ② は,

$$\begin{aligned} & \mathrm{PR} : 2 = 3 - k : 3 \quad (\because \quad \mathrm{BM} = 2) \\ & 3\mathrm{PR} = 2(3 - k) \\ & \therefore \quad \mathrm{PR} = \frac{2}{3}(3 - k) \end{aligned}$$

である。したがって, ① より,

$$\begin{aligned} S(k) &= \pi \left\{ \frac{2}{3}(3 - k) \right\}^2 \\ &= \frac{4}{9}\pi(3 - k)^2 \end{aligned}$$

であるから求める体積は,

$$\begin{aligned} \int_0^3 \frac{4}{9}\pi(3-k)^2 \, dk &= \frac{4}{9} \left[-\frac{1}{3}(3-k)^3 \right]_0^3 \\ &= \frac{4}{9}\pi \cdot \frac{1}{3} \cdot 3^3 \\ &= 4\pi \end{aligned}$$ ……(答)

である。

(解答終わり)

さて, この解答であるが, ① において平面 $z = k$ による断面積は $\pi \mathrm{PR}^2$ であることが得られている。この断面積であるが, 線分 PR の長さにだけ依存し, PR と yz 平面との距離は無関係である。したがって, PR が yz 平面に近づいても遠ざかっても断面積は変わらないから, PR が yz 平面上になるように x 軸方向に移動しても断面積は変わらない。

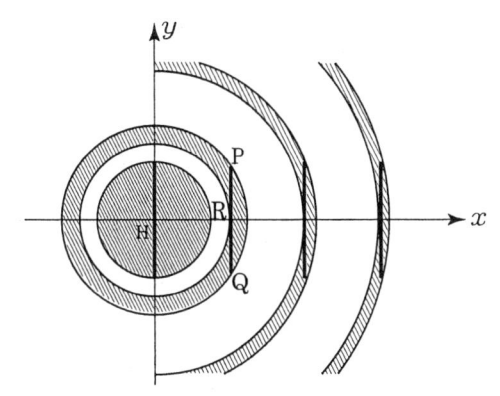

それならば，三角形 ABC を yz 平面に正射影した三角形 A′B′C′ (ただし，A′$(0,0,3)$，B′$(0,2,0)$, C′$(0,-2,0)$) を z 軸のまわりに 1 回転した図形 (これは円すいになる) の体積を求めても同じ体積が得られるから，求める体積は，

$$\frac{1}{3} \cdot \pi \cdot 2^2 \cdot 3 = 4\pi$$

このような正射影した図形を回転して体積を求める方法はよく知られた方法であるが，本文中の謎の女子高生もこの方法で体積を求めたわけである。

(その 5)　「不定積分 $\int e^{x^2} dx$」について

「不定積分 $\int e^{x^2} dx$ が存在しない」わけではない。「不定積分 $\int e^{x^2} dx$ が高校数学で扱う関数を用いて表すことができない」のである。高校数学で扱う関数は，初等関数から逆三角関数を除いたものであり，もともと極一部の限られた範囲のものしか表すことができない。e^{x^2} の不定積分は，その限られた範囲にはないということである。

では，なぜ e^{x^2} の不定積分は初等関数ではないのか？　これに対する答は高校数学の知識で説明するのは難しい。簡単にいうと「リッシュのアルゴリズム」というのがあり，そのアルゴリズムで得られる関数が高校数学の積分の知識で不定積分が求められる関数であるが，$\int e^{x^2} dx$ の場合はそのアルゴリズムで得られるものではないいうことである。

なお，$\int \sin(x^2)\,dx$, $\int \dfrac{e^x}{x}\,dx$, $\int \sqrt{1+3\cos x}\,dx$ なども初等関数で表すことができない。

第 17 話　伝わらない

1　本文の中にある問題の解答

【問題 17－1】
関数 $f(x) = \begin{cases} x^3 + \alpha x & (x \geq 2) \\ \beta x^2 - \alpha x & (x < 2) \end{cases}$ が $x = 2$ で微分可能となるような実数 α, β の値を求めよ．

解答

$f(x)$ が $x = 2$ で微分可能であるためには，$f(x)$ は $x = 2$ で連続でなければならないから，

$$f(2) = \lim_{x \to 2+0} f(x) = \lim_{x \to 2-0} f(x)$$
$$8 + 2\alpha = 4\beta - 2\alpha$$
$$\therefore \quad \beta = \alpha + 2 \quad \cdots\cdots ①$$

である．次に，

$$\lim_{x \to 2+0} \frac{f(x) - f(2)}{x - 2} = \lim_{x \to 2+0} \frac{(x^3 + \alpha x) - (8 + 2\alpha)}{x - 2}$$
$$= \lim_{x \to 2+0} \{(x^2 + 2x + 4) + \alpha\}$$
$$= 12 + \alpha$$

$$\lim_{x \to 2-0} \frac{f(x) - f(2)}{x - 2} = \lim_{x \to 2-0} \frac{(\beta x^2 - \alpha x) - (8 + 2\alpha)}{x - 2}$$
$$= \lim_{x \to 2-0} \frac{(\alpha + 2)x^2 - \alpha x - 8 - 2\alpha}{x - 2}$$
$$= \lim_{x \to 2-0} \frac{(x - 2)\{(\alpha + 2)x + (4 + \alpha)\}}{x - 2}$$
$$= \lim_{x \to 2-0} \{(\alpha + 2)x + (4 + \alpha)\}$$
$$= 3\alpha + 8$$

であり，この 2 つの極限が一致するから，

$$12 + \alpha = 3\alpha + 8$$
$$\therefore \quad \alpha = 2$$

① より，

$\beta = 4$

である。

$\alpha = 2, \beta = 4$ ……(答)

【問題 17 - 2 】

$P = \begin{pmatrix} 0 & 1 & 0 \\ 0 & 0 & 1 \\ 1 & 0 & 0 \end{pmatrix}$ とし, $A = \begin{pmatrix} a & b & c \\ c & a & b \\ b & c & a \end{pmatrix}$, $X = \begin{pmatrix} x & y & z \\ z & x & y \\ y & z & x \end{pmatrix}$ とする。

(1) P^2, P^3 を求めよ。
(2) AX は $AX = \alpha E + \beta P + \gamma P^2$ と表される。α, β, γ を a, b, c, x, y, z を用いて表せ。

解答

(1) $P^2 = \begin{pmatrix} 0 & 1 & 0 \\ 0 & 0 & 1 \\ 1 & 0 & 0 \end{pmatrix} \begin{pmatrix} 0 & 1 & 0 \\ 0 & 0 & 1 \\ 1 & 0 & 0 \end{pmatrix}$

$= \begin{pmatrix} 0 & 0 & 1 \\ 1 & 0 & 0 \\ 0 & 1 & 0 \end{pmatrix}$ ……(答)

$P^3 = P^2 P = \begin{pmatrix} 0 & 0 & 1 \\ 1 & 0 & 0 \\ 0 & 1 & 0 \end{pmatrix} \begin{pmatrix} 0 & 1 & 0 \\ 0 & 0 & 1 \\ 1 & 0 & 0 \end{pmatrix}$

$= \begin{pmatrix} 1 & 0 & 0 \\ 0 & 1 & 0 \\ 0 & 0 & 1 \end{pmatrix}$ ……(答)

(2) $AX = \begin{pmatrix} a & b & c \\ c & a & b \\ b & c & a \end{pmatrix} \begin{pmatrix} x & y & z \\ z & x & y \\ y & z & x \end{pmatrix}$

$$= \begin{pmatrix} ax+bz+cy & ay+bx+cz & az+by+cx \\ cx+az+by & cy+ax+bz & cz+ay+bx \\ bx+cz+ay & by+cx+az & bz+cy+ax \end{pmatrix}$$

一方,

$$\alpha E + \beta P + \gamma P^2 = \begin{pmatrix} \alpha & \beta & \gamma \\ \gamma & \alpha & \beta \\ \beta & \gamma & \alpha \end{pmatrix}$$

であるから, $AX = \alpha E + \beta P + \gamma P^2$ となる条件は各成分を比較して,

$$\begin{cases} \alpha = ax + bz + cy \\ \beta = ay + bx + cz \\ \gamma = az + by + cx \end{cases} \quad \cdots\cdots (答)$$

である。

あとがき

　この度は本書「数学の幸せ物語」(以下,「幸せ物語」と記す) を手にとって頂きありがとうございます。「幸せ物語」は現実に教室で起きた受験生からの質問等をもとに, 参考書などでは説明しにくい部分を印象に残るように工夫した数学の教材, および小説です。「小説」としての「幸せ物語」は前編から引き継いだものになっています。

　「幸せ物語」の原型は「授業で見かける幸せな高校生, 大学受験生に自分が幸せな人であることに気がついてもらう指導」がきっかけとなって開始された教材としてのプリントです。これは, 毎年配布されるプリントの中であり, 現れる登場人物は, 実際の世界のように毎年1つずつ歳をとり, 幸福高校に通う生徒達は毎年入れ替わります。例えば, 3年1組の担任の証先生は1978年生まれ, 発飛校長は1951年生まれという設定になっており, この他にも身長, 出身地, 出身大学, 専門分野などについても細かく決めてあります。なお, 本書は2007年に書き上げた「幸せ物語」の登場人物を用いたものですので年齢に関してはそのときのものになっています。この「幸せ物語」はその後も引き続いており, 現在も進行しています。

　この「幸せ物語」の制作に関しては, 高校, 大学の数学の先生をはじめとする教育者はもちろん, 出版関係者, デザイナー, 教育行政に携わる方など多くの人達の協力を頂きました。この方々にはこの場で感謝の意を表すこととします。しかし, これですべてが終わるわけではありません。これに引き続き, 現在「幸せ物語」は単なる「教材」,「小説」だけには留まらず,「映画」,「テレビドラマ」, ウェブ上の高校の開設など多岐に亙って動き出そうとしていますので, 今後の展開にもご注目いただければと思っています。

　最後に, 本書の刊行は, 現代数学社の前の社長である故富田栄氏に深く理解していただいたことによってここまでたどり着くことができました。残念ながら前社長はこの「幸せ物語」の完成を見ずにご逝去されましたが, この場を借りて深くお礼を申し上げることにいたします。

著者　清　史弘

【「幸せ物語」の関連情報】

本書に関する「幸せ物語」に関係する情報です。この部分は著者の責任で行っていることですので、出版社には責任はありません。

1. 「幸せ物語」に関するサイト

「幸せ物語」に関する情報は以下のサイトにあります。

http://www.math.co.jp/happy.html

このサイトには、本書の他、映画「幸せ物語」、ウェブ上の高校「幸福高校」についての情報、および現在も進行している「幸せ物語」もあります。

2. 映画「幸せ物語」について

私は、「幸せ物語」を原作とした短編の映画を企画し、私財を投げ打って制作しました (笑)。映画の制作の動機は、より多くの人に数学を楽しんでもらい、「数学」との距離を近づけてもらいたいという気持ちからです。

この映画は原作の 18 話の中から一般の人にもわかりやすいものを選択し、さらに複数の話を統合することによってできた以下の全 6 話からなるものです。ただし、人物の設定、ストーリー、扱う数学の題材などにおいて本書と多少異なる部分があります。

　　映画　第 1 話　火星に生物がいる確率　　　　　　　　　(前編第 3 話)
　　映画　第 2 話　教育者の条件　　　　　　　　(前編第 7 話後半〜第 8 話)
　　映画　第 3 話　幸一君の夢　　　　　　　　　　　　　　(前編第 9 話)
　　映画　第 4 話　証先生倒れる　　　　　　　　(後編第 13 話〜第 14 話)
　　映画　第 5 話　「知らないこと」と「わからないこと」(後編第 15 話〜第 16 話)
　　映画　第 6 話　競った仲間がいたから　　　　(後編第 17 話〜第 18 話)

ここから先は、2010 年 5 月初旬の情報です。最新の情報は「『幸せ物語』に関するサイト」で確認してください。

映画は現在のところ第 4 話まで収録が終わり、今後 DVD として 2010 年 7 月ころからまず第 1 話〜第 3 話までが店頭に並ぶ予定です。この DVD については発売日、定価などが決定した段階で「『幸せ物語』に関するサイト」で発表いたします。

この映画の映画としての完成度についてですが、私が「映画を作った」と言うと、多くの人は、私が家庭用のビデオカメラなどを使って、無理矢理に生徒をつかまえて慣れない演技をさせていると想像してしまうようですが、そのようなことはありません (笑)。実際はそのようなものとは正反対の本格的な映画で、直接見てもらった人のほ

とんどは驚かれます。役者さんたちもプロの優れた方達にお願いしており、その中の何人かは CM などでも活躍されている方です。さらに，この映画の一部は 2010 年 6 月に開催される「ショートショートフィルムフェスティバル (ssff)」において海外からの映画を含む多数の応募から選ばれており、専門家からもそれなりの高い評価を得ております。

3. 「幸せ物語計画」

　幸せ物語の舞台となっているのは「幸福高校」という架空の高校です。私はこの幸福高校を ウェブ上に作り、だれでも時間にとらわれずに自由に教育を受けられる場を設定していきたいと考えています。教育を受ける人は幸福高校の生徒になってもらい、一方，教育を提供する人は幸福高校の教員になってもらって多くの人が自由に参加してもらえる場を作って行きたいと考えています。詳しくは，上の「『幸せ物語』に関するサイト」をご覧ください。

著者紹介

清　史弘（せい　ふみひろ）

　早稲田大学理工学部数学科(現基幹理工学部数理科学科)を卒業後,同大学院に進学し,その頃から数理専門塾と大手予備校で高校生に高校数学および受験数学を教え始める。

　現在,日本教育大学院大学講師,認定NPO法人「数理の翼」顧問,数学教育研究所主宰を勤め,数学教育に限らず,幅広く教育に関する問題に取り組んでいる。教育に関心のある研究者,政治家,役人との交流も多い。

　主な著書は,『受験生のための教科書』(自費出版),『受験教科書(全12巻)』(SEG出版(絶版)),『受験数学の理論(全11巻)』,『受験数学の理論・問題集(全7巻)』,『数学の計算革命』(以上駿台文庫)があり,この他に共著も多数ある。

　今では普通に使われるようになった名詞「検定外教科書」(文部科学省の検定を受けない教科書)であるが,2000年以前に出版された著書の1つである『受験教科書』(1999年出版)は日本で最初に出版された「検定外教科書」(数学の「読み物」風のものは除く)である。この本は現在,『受験数学の理論』として受け継がれている。

数学の幸せ物語

著　者　　　清　史弘
企　画　　　(有)数学教育研究所
　図　　　　大川　真智子
　イラスト　　間々　踊子
アドバイザー　小松崎　和子・福永　至・山瀬　尊久

数学の幸せ物語（後編）

2010年　7月17日　　初版1刷発行

著　者　　　清　史弘
発行者　　　富田　淳
発行所　　　株式会社　現代数学社
〒606-8425 京都市左京区鹿ヶ谷西寺ノ前町1
TEL&FAX 075 (751) 0727　振替 01010-8-11144
http://www.gensu.co.jp/

検印省略

印刷・製本　　株式会社　合同印刷

© Fumihiro Sei, 2010
Printed in Japan

ISBN978-4-7687-0348-9

落丁・乱丁はお取替え致します．

「幸せ物語」／米国アカデミー賞認定映画祭

ショートショートフィルムフェスティバル＆アジア2010 ミュージックShort部門ノミネート

内　容：高校を舞台に生徒と教師が「幸せ＝勘違い」をテーマに繰り広げていく
　　　　温かくて、ユーモラスな短編ヒューマンストーリー
原　作：清　史弘
監　督：古新　舜
主　演：佐藤勇真　中村梨香　中村美香　菜葉菜　他
製　作：有限会社数学教育研究所　コスモボックス株式会社
主題歌：Sweet Vacation「タイトル未定」

DVD正式タイトル：「幸せ物語前編（第1話～第3話）」
販売元：ヴィジョネア
購入先：Amazon
販売価格（予定）：1000円
リリース時期：2010年7月末

登場人物

福山　幸一：佐藤　勇真
福川　るい：中村　梨香
福川　れい：中村　美香
積　　和夫：田中　一樹
今成指数人：森谷　勇太
石原　彩子：佐々木麻衣
証　先　生：菜葉菜
発飛校長：三田村賢二
頑光先生：加治木　均
松本先生：紫　　子
中村先生：林野　健志
新聞記者：真田　幹也

（注）新聞記者は映画版独自のキャストです。

　なお、このDVD「幸せ物語前編」については「数学の幸せ物語」（前編）の中の第3話、第7話後半～第8話、第9話の内容が対応します。
　いずれ作るDVD「幸せ物語後編」には「数学の幸せ物語」（後編）が対応します。